樂孕

從懷孕到生產，迷思與疑惑 一次解答
陪妳回歸美好孕程。

高寶書版集團

相信美好

　　從事產科工作十幾年，接生了數千名的寶寶，我深深覺得，「生孩子」真的不只是「把孩子生出來」這麼簡單，這麼沒學問。

　　這幾年在禾馨醫療工作，我越來越覺得台灣女性真的非常辛苦，往往生孩子都沒有辦法順自己的意思，總是有太多人指點東、指點西，告訴妳這個東西不能吃，那個東西不能碰，家裡不能裝潢怕動到胎神，走路運動都不行不然會早產；路人看到孕婦也特別喜歡湊一腳，告訴妳肚子尖尖平平是男生還女生，或者隨口一句妳肚子看起來很沉有可能會早產唷，把妳嚇得半死……。

　　連選擇自然生產或者剖腹生產，身邊10個人就有10種意見，有生過的每個人都變專家。想自然產嘛，會有長輩跟妳說：剖腹產有多好多安全、我看妳平常沒在運動一定會生得很辛苦、生完傷口會裂到屁股、走路會漏尿、陰道鬆弛老公會出軌等；想剖腹產時，就會有另一群長輩朋友告訴妳：從龍骨打麻醉有多糟糕、將來一輩子腰痠背痛、下床走動會有多痛多辛苦，還要插尿管拔尿管等等諸如此類的恐嚇話語。對了對了！還要找8個老師看時辰，因為差1分鐘命格就會大不同，妳想要妳的孩子高人一

等比別人傑出就要好好聽老師的話……（啊不就是同一個嗎？）

我很想大喊：真的是夠了！！！

懷孕生產真的沒有那麼多禁忌，實證醫學的證據告訴我們：只要是人可以吃的食物，孕婦都可以吃，只有酒精是需要被嚴格禁止的；還有，減少活動跟臥床對於預防早產一點用處都沒有；除此之外，在台灣約有 1/3 是剖腹生產，2/3 是自然生產，沒有哪一個絕對好、絕對不好，最新的醫學文獻已告訴我們，要求孕婦絕對採取自然生產的態度會令很多新手母親感到挫敗，這項「錯誤的」指南將會進行徹底的修正，這代表什麼？這代表「妳」可以選擇妳任何想要的生產方式，只要醫學上是安全無虞的。

放下吧！好好地放輕鬆吧！快樂地享受懷孕的過程吧！這本書只有兩個目的，我並不是要宣揚多深、多新的醫學知識，因為現在的「新」，都會是明天的「舊」，我只希望，第一，大家能做自己身體的主人，不要被似是而非的輿論或是謠言所誤導；第二，我們應該停下腳步來看待懷孕這件事，並不會因為孕婦多吃一顆 DHA 就會讓孩子更聰明，也不會因為今天少吃了一顆葉酸或聞到一點油漆味，孩子就會有問題。

我們應該要回歸懷孕這件事所帶來的美好，你們記得第一次看到超音波裡心跳在閃的悸動嗎？你們記得第一次聽到心跳時那種單純的美好嗎？生命是非常神奇的事，妳的子宮裡可以孕育一個帶有先生一半遺傳基因的孩子，還可以和平共處，不被妳強大的免疫系統所排斥抵抗，並且用妳心跳兩倍的速度在跳動著，在

羊水裡受妳保護著，然後手足舞蹈翻滾跳動著，這實在是非常美妙的事。

　　還記得，兩年多前和一位媽媽相遇，那時她帶著報告千里迢迢來找我，表示她到各大醫院檢查過，有的權威醫師說胎兒腦有問題，有的醫師說沒有，希望我幫忙她看一下狀況。我在門診檢查後，覺得狀況應該還好，不至於有大狀況，加上羊水晶片檢測也是正常，於是請她思考及決定是否生下孩子。

　　或許，我有一種穩定人心的能力吧，這位媽媽來看過我兩次，後來跟我說，她聽了我的話決定放手一搏，給孩子一個機會試試看。

　　如果以結果論，事實證明我並沒有給予正確的診斷。

　　孩子出生後沒有哭，一切並沒有正常，腦部確實有異常，吞嚥能力也大有問題；兩年多來，經過許多次大大小小的手術，始終沒有站起來過；待最久的地方是加護病房，最常做的動作是抽痰拍痰。我之所以知道，是因為這位媽媽與我一直有透過臉書聯絡。雖然每次收到訊息我總是萬般不捨，但她始終樂觀，鮮少抱怨，積極正面的能量讓我十分感動，我每次也都不停地向她加油打氣，雖然我知道，孩子就是這樣子，可能不會再更好了。

　　不到一年前，這位媽媽突然又出現在我的診間，她懷孕了！

　　「這次我只想在你這產檢，給你看了！」

　　「我上次都沒有看出來，妳怎麼還選擇相信我？」

　　「因為只有你讓我有信心，比較讓我放心！」

　　她住得很遠，一次一次地前來檢查，看起來都是正常，但因為待她已經像家人，我很難完全保持平常心，每次產檢總是對腦

部多看幾眼，希望這次能夠確保萬無一失。幾週前，我幫她進行剖腹手術，孩子生出來的剎那，我按照慣例直接抱孩子翻牆給她看。她潰堤了，在產台上哭得好大聲，是一種酸到心裡的大哭，她說：「我等一個會哭的孩子等好久了……。」

雖然我在縫合傷口，但眼淚也不禁奪眶而出，原來「會哭」對某些媽媽來說是一種期待已久的奢侈。

醫療就是這樣，沒有永遠的正確診斷，考試60分就及格，而100分是大家對醫療的期待，這樣的矛盾很難被解釋、被理解，但這位母親做了最好的詮釋。

許多人問我工作會不會累，有沒有這麼喜歡賺錢？為什麼總是這樣沒日沒夜的？或許錢在這些人眼中很重要，是生命的全部，但在我心中，這種相信美好的故事，才是讓我想一直沒日沒夜工作的原因。

感謝教育我的每一位孕婦及產婦，許多人跟我變成很好的朋友及網友，因為妳們，讓我的執業生涯有更多對生命的體認，看見妳們的笑容也更確立了我的風格並不會改變，要讓妳們沒有壓力地享受懷孕的美好旅程，然後看到妳們從媽媽的女兒變成妳孩子的媽媽，這個過程挺酷的！就跟妳們養大孩子一樣，雖然辛苦，卻是無法言喻的美好，希望妳們都能真切的經歷這一段神奇的旅程。

祝福每一位期待新生命的母親、家庭。

禾馨婦產科院長　林思宏

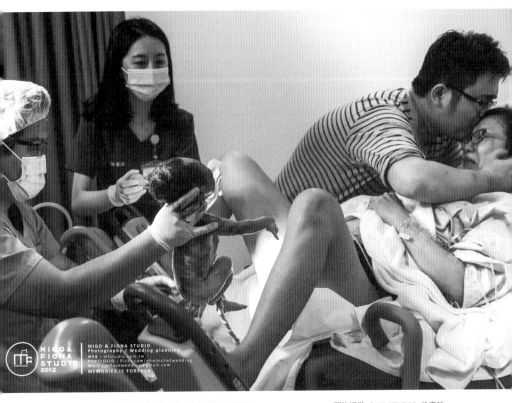

● 生命的感動好強烈，你們感受到了嗎？

圖片提供／ MF STUDIO 徐豪廷

穩定孕婦心的一座燈塔

（前情提要）之前做了乙型鏈球菌，當天去看報告。

思宏：乙型鏈球菌沒過，所以產前4小時要打針，約時間來催生吧！

我：怎麼會這樣！（震驚）

思宏：這算是很正常存在陰道的菌種，對媽媽沒危害只是怕影響小孩不啦不啦不啦，但打針就好了。（約好時間催生）

（躺在超音波床上我一臉愁容）

思宏：妳不要擔心，有20％的產婦都有這個問題，不用擔心啦不啦不啦不啦。

我：如果我告訴你我煩惱是因為，那個時間我約了種睫毛，你會不會覺得我很沒人性。

思宏：對現在的產婦來說種睫毛和畫眼線都很重要，那晚幾小時再來吧。

現在知道產婦為何都昧著良心叫思宏「金城武」了吧，因為在我們的心中思宏真的像太陽一樣溫暖啊～～～

懷孕就是一個讓再灑脫的女人，都會緊張ㄅㄅ的過程，但思宏就是穩定孕婦心的一座燈塔，跟他講完話一切的擔心都會放下，這就是他神秘的力量。除了穩定人心，其實他還有一個醫者父母心的小心思，孕婦不免會自我厭惡嘛，因為我們行動不便又醜又胖，所幸無論妳多巨大，思宏他都比妳還大，不管怎樣跟他合照都顯小鳥依人，其實他本來很瘦的，應該是為了讓孕婦看起來瘦，所以才把「寄己」吃成這樣，世上有哪個醫生有這種奉獻的精神，這不是體貼那什麼才是體貼呢。

給他接生更是美妙的人生經驗，舒服自在又尊榮的感覺筆墨難以形容，妳要給他生一次才會明白，原來生小孩可以如此優雅如此輕鬆還不太痛，我是請了代理孕母嗎，怎麼會剛生完就身強又體壯，氣色還這麼好，難怪很多人說思宏會讓人想再生一胎，想到思宏想到禾馨我都想生第三胎了呢。

世間婆婆啊，如果希望媳婦一生再生就讓她去找思宏吧，如今想到思宏我就不爭氣的排卵了，他就是這麼一個讓人想一直給他生一直給他生的男子啊～

——**媳婦燈塔 宅女小紅**

　　回想起來屬於我們夫妻的第一次（懷孕），真的很幸運遇見了林醫生，記得初次見面還以為遇到籃球隊的中鋒，林醫師英俊挺拔而且個子又無比雄偉，但卻有著一顆非常溫暖的心。

　　因為小豬是個很緊張的孕婦，常常碰到小事就要去看醫生，但是每次去找林醫師，他總是站在媽媽的角度去思考，也很能體諒媽媽的緊張與多慮，總是不厭其煩地用詼諧的態度去解釋專業的內容，每次都讓媽咪非常的放心。

　　他真的是個很溫暖的朋友，說話的溫度讓我們在孕期感到非常的心安，沒有任何的恐懼。

　　這次，他將用書本和大家分享孕期相關知識，真的是一件很棒的事情，在我們心中他不只是一個專業的婦產科醫生，也是孕婦的心理醫生，更是我們家的好朋友。

　　每個孩子都是寶貝，而有他陪伴的這些過程都是值得我們夫妻一輩子珍藏的記憶，能夠遇到他真的非常幸運，向大家推薦他的新書，絕對是值得收藏的一本寶典，思宏醫生我們都愛你。

―――彥均哥哥＆小豬媽咪（哥哥的閒妻日誌）

謝謝你和孕婦同一陣線

　　很高興我選擇了給X5接生，這是一個美麗的經驗，從懷孕以來到生產，林醫師總是跟孕婦站在同一陣線上，同理心為孕婦們著想，而且看診時幽默風趣不失專業，緩解新手爸媽們的緊張。

　　林思宏醫師，謝謝你！之後下一胎也要麻煩你囉！

――― **勇闖寶寶界 陳小藍**

推薦序
生孩子也可以很優雅

　　有快樂的媽媽，才有快樂的寶寶，這是我深信不疑的理念。當我知道懷孕的時候，抱著忐忑不安的心情去做產檢，可能上輩子燒了好香或拯救了世界，意外讓我碰到一位幽默又風趣，而且對孕婦超級好的醫生，就是在醫界中號稱金城武的林思宏院長。

　　林醫師從來不禁止我吃任何食物，也不會禁止我做任何我想做的事情（笑），讓我在孕期當中，還能保有好心情，真的是功不可沒！每次產檢時，最期待的就是聽到林醫師爽朗的笑聲，然後跟我說：「寶寶很好下次見」。不過最厲害的是他讓我在剖腹生產後，不到24小時就可以下床照顧寶寶，這種神刀真的是無人能及。其實，在討論生產計畫時，我說我最怕痛，可以讓我不管剖腹前後都不要痛到嗎？林醫師很爽朗的跟我說了句：沒問題！但當時我其實心裡還是很害怕……可是開完刀後，除了傷口移動時的拉扯疼痛之外，還沒有讓我不舒服到哭（大拇指），反而是餵奶不順的疼痛和乳腺炎，讓我大哭了3～4次呢！

　　真的不禁要說，好的婦產科醫生真的可以讓妳生孩子也很優雅，雖然我已經封肚……但，如果再次懷孕，一定還是要找林醫師才能讓我安心又放心當個快樂孕婦o(*////▽////*)q

―――**時尚美妝部落客暢銷書作家 愛愛Love**

懷孕，是一件快樂的事

從思宏當住院醫師開始，我們認識也超過10年了。在這不算短的時間當中，我見證了他的成長，當然，包括了他的體重，幾乎快一倍呢。

嗯嗯，好，今天不談這個。

一個醫師的養成教育是非常不容易的，時間冗長不論，最重要的，你必須持續保持對這個行業的熱情，即便這個醫療大環境越來越險峻，在越來越多年輕人逃離這個戰場的時候，還願意堅持下來並持續投入極度的熱情，並且不斷地精進自己吸收新知，基本上這就很催淚了。更難得的，他還擁有了超越常人的卓越天賦與人格特質，我必須很慶幸的說，他是我的夥伴，歐，真是令人鬆了好大一口氣呀！呵呵！

頑強固執不輕易放棄與樂觀開朗，這兩種看似有些矛盾的特質，卻在我們X5（體重）哥身上不間斷神奇的同時出現。

其實我最近有點抗拒跟他在隔壁棚一起看門診了，但偏偏我

跟他的門診時間有很多又是重疊出現，這算是命運的捉弄吧。畢竟我們兩個人門診人數都有點多，門診時間碰在一起就把現場搞得像菜市場實在是很煩很惱人，而且在他隔壁診間常常會突然傳來沒來由的大笑聲，這實在很困擾，有時還真有股衝動想找環保局來開他噪音罰單哩。

懷孕，是一件快樂的事，真的。但經常性的，一些沒來由的奇怪習俗與禁忌常常把孕婦搞得神經兮兮的，就讓我們來聽聽X5醫師怎麼說吧。

—— **慧智基因暨禾馨醫療執行長 蘇怡寧**

CONTENS

目錄

CHAPTER 1
新手媽媽別緊張

CHAPTER 2
孕婦哪有那麼多禁忌

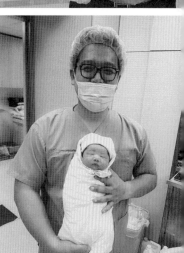

圖片提供／ huhy.chang、劉芝妤

CHAPTER 3
醫生，我有特殊問題！

CHAPTER 4
好的產檢真的很不一樣

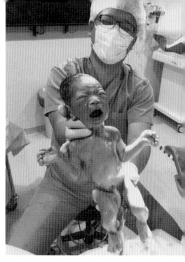

CHAPTER 5
關於分娩，和孩子的第一次見面

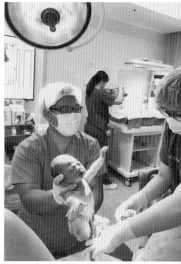

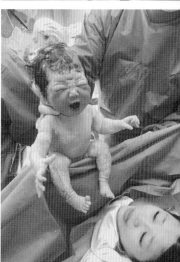

圖片提供／Phoebe Chen、katherine tseng、Ray Wu

你是幸福的，因為，你找到了一位願意為你們生孩子的另一半。

懷孕中的女人是一種很奇妙的生物，初期因為賀爾蒙的緣故，會感到噁心想吐，看到食物都沒有任何食慾，但依我的經驗，在台灣，幾乎所有的女性都選擇沉默不告訴任何人懷孕的消息，但是她又渴望別人能體諒她懷孕的不適感，這個時候你就是她唯一可以傾訴的對象。

懷孕中期開始比較舒服一些，吃得下東西、喝得下飲料，也開始希望大家知道她是一位孕婦，但又不希望人家給她太多意見，只想得到祝福以及讚美：「哇，怎麼完全看不出來！」常常期待別人看到她讓座，卻又嫌別人讓座給她是因為她看起來很胖，這些矛盾心態和內心的小劇場其實就是孕婦心情不好最主要的原因。

懷孕後期，因為肚裡的孩子越來越大，頂住胃部不舒服會出現胃食道逆流、腳水腫、手麻、渾身不舒服等狀況，又很怕照鏡

子看到自己臃腫的模樣，如果肚皮上開始有妊娠紋出現，那真是壓倒駱駝的最後一根稻草，很容易整個崩潰。

你的角色出現了。

這時候你是太太最好的依靠，她需要你的體諒，需要你的同理心，有時其他人再多的安慰鼓勵都抵不上你一句話，讓她可以開心好一陣子。懷孕不是生病，但是因為短時間內身體產生劇烈變化，會有很多的生理狀況必須被調適，當然心裡的狀況更需要，所以身為隊友的你，我建議要用同理心及幽默感來陪伴你的太太度過人生中最大的轉變。

工作再忙也要挪出時間一起散散步走一走，如果能夠陪同太太一起產檢，去聽很多的雙親教室是再好不過的事。

一起去選購孩子的東西吧！如果太太有想法，你就完全尊重太太的選擇，如果她沒有想法希望你幫忙出點主意，這時你千萬不要說「都可以」，這樣感覺你一點貢獻都沒有，一定要趕緊給些意見，並且要說出為什麼你會做這樣的選擇。

一起感受胎動吧！對她肚子裡的你的孩子講講話，有時孩子一動、一點反應，帶給你們的興奮感會是前所未有的。我還鼓勵，選擇自然產時你能夠陪產，因為用力生孩子時的對話，以及生出孩子後的甜蜜時光，是你們在那個當下獨有的權利，也是最真實、最沒有任何掩飾的感動。

身為男人，可能永遠無法體會女人生孩子所帶來的恐懼及疼

痛，據統計資料指出，男人所能夠感受最痛的痛是輸尿管結石，而生孩子的痛比結石疼痛更高出好幾倍。簡單舉一個例子好了，生小孩就好像把你的鼻孔塞進一顆橘子，然後告訴你：「我有幫你打無痛，所以塞了一顆橘子不要怕。」是不是覺得好像荒謬到一點說服力也沒有？對！沒錯！就是這種感覺，雖然現在無痛分娩的技術一直在進步，但對於生產的不確定性，以及何時會有產兆，其實還是無法掌握的，而這樣不確定的感覺就是令你太太恐懼擔心的最大原因。

所以，盡量多一分關心、多一分體諒，少一分抱怨、少一分不在意，我相信，整個孕期會是你們的二次蜜月，將來也會有更多跟你們孩子分享的感動，祝福你們。

禾馨婦產科院長

恭喜你們，即將成為阿公阿嬤，我相信你們一定滿心期待寶貝金孫、孫女的到來，我跟你們一樣。因為女兒是你們的寶貝，你們一定很希望懷孕的女兒跟孫子孫女一樣健康，那，我的建議是，不要主動地給她太多的意見及壓力吧！除非她來詢問你們。

因為我是你女兒的醫師，我比你們更怕她及她肚子裡的骨肉出了問題，我會滿心內疚，所以請相信我，請相信每一位受過專業醫療訓練的醫師，我們一定比你們在醫療上更有經驗及專業度，不會做任何可能傷害你女兒及孫子孫女的事。

你們知道嗎？超音波是在1980年代才開始出現的新玩意，而在2000年之後才開始影像更清晰且有3D、4D的技術出現，在你們產檢的時代超音波並不普遍，甚至沒有超音波，有時單純只是靠產科醫師或產婆的徒手觸摸，就連生男的、生女的也是出生了才知道。所以生下來的孩子如果有問題，當時的人會去檢討孕期出了什麼問題、做了什麼錯事，所以才會有：懷孕不能拿剪刀、懷孕不能釘釘子、懷孕不能手舉高等荒謬理論出現而流傳下

來。您身為一位明理的長者智者，應該要了解現今是2017年，我們可以透過基因檢測排除許多先天性的疾病，可以透過清楚的超音波檢查讓女兒、媳婦肚子裡的孫子孫女一目了然，看得見嘴唇完好，當然剪刀用再多也不會有問題。

而且，最好的關心是不要給予壓力，就讓年輕人自己去選擇如何面對他們第一個孩子及整個孕程吧！讓他們自己選擇並學會如何當父母親，因為你們沒有辦法一輩子幫孩子決定所有事，總有一天要選擇放手，所以請讓他們沒有壓力的面對懷孕的過程，甚至無知都沒有關係，因為跌跌撞撞的長大也是一種歷練。

最後，即便是在產前檢查這麼進步的2017年，生男、生女還是沒有辦法靠自然的方式加以選擇，一切都是精子決定，在Y精子或X精子鑽入卵子形成受精卵時就已經決定是男是女了，跟女兒、媳婦一點關係都沒有；另外，還是有很多疾病或器官是沒有辦法檢查的，就像視力，我們必須透過視力表才能夠進行檢查，智力我們必須進行智力測驗才有辦法知道結果。所以如果有一天，在孫子、孫女成長的過程中出現一些突發狀況，並不一定是產檢漏看了，或在懷孕的過程中，女兒、媳婦做了什麼錯事、誤食什麼東西，有時候沒有原因也是一種原因。不要給太多的壓力才是最好的，只要多陪陪女兒、媳婦去散步走走，添購一些孫子孫女的用品，她們心情好，才會有機會孕育健康的下一代。

尊重每個人都有不同的選擇的權利，安靜的陪伴及鼓勵就是最強大的力量。

禾馨婦產科院長

CHAPTER

1

新手媽媽別緊張

01 | 大醫院和小診所的抉擇

勤勞婦:「醫生,我覺得我根本就是你的鐵粉,每次都翻山越嶺來產檢。」

淡定林:「蛤?你走路來嗎?」

勤勞婦:「不是啦,我家住超遠的,每次來開車要一個半小時耶。」

淡定林:「妳也太勤勞了……我好感動喔!」

勤勞婦:「還沒懷孕時我就立志一定要來你這裡生小孩啊!」

▶ **思宏的 OS** ◀

生產是一個很自然的狀況,不需要太迷信大醫院,選擇自己信賴的醫師最重要,口味對了什麼都對!方便就好!

每個孕婦驗到兩條線超高興，接下來呢，就開始有一連串問號接踵而至，通常第一個問題就是「什麼時候該去婦產科？大醫院還是小診所好？」

　　當孕婦得知懷孕後，從最後一次月經第一天後35-40天（也就是懷孕5-6週）就可以到婦產科報到了。好，我知道妳接下來一定會開始苦惱到哪裡就診，但除非妳懷雙胞胎，或是有前置胎盤、高血壓及糖尿病等高風險妊娠，否則一般狀況下，就近找方便的醫院或診所就好，因為生產是一件再自然不過的事，不需要過度迷信大醫院。

　　如果妳家附近方圓百里有好幾家診所，讓妳的選擇障礙又犯了，那就選擇生產數量多的吧，道理很簡單，比較多人選擇意味著院方經驗也更為豐富。就像當妳眼前出現兩間麵店，一間大排長龍，一間老闆閒到在趕蒼蠅，妳肯定會覺得生意好的那間比較好吃對吧。

　　其實，診所的專業度及經驗未必比大醫院差，兩者最大的差別在於，醫院有其他科別支援，如果生產中出現其他狀況，有該領域的醫護人員可以即時處理。聽我這麼一講，妳是不是覺得好像還是該選擇大醫院？但這種狀況就類似妳去參加馬拉松路跑，旁邊有醫療人員守著，可能有99％的機率，妳都不會需要醫療人員，但有他們在，妳就莫名心安，說穿了就是感覺問題。

　　而診所也有很多好處的，譬如說檢查、驗尿、掛號、批價不用櫃台一換再換，方便性、普及性更高，甚至能夠提供比大醫院更細膩貼近人心的檢查及服務，許多婦產專科的診所還有提供客製化的醫療APP服務，這些都是大醫院所沒有的。

再說，目前醫療院所分為四級，依序為醫學中心、區域醫院、地方醫院、診所，在國外的分級制度中，「生產」並不是被劃分在必須到醫學中心的級別，所以只要妳不是高風險的孕婦，就找方便的醫療院所即可，否則做個產檢還得舟車勞頓，想到就覺得疲勞，懷孕已經很累了，盡可能讓自己輕鬆一點吧。

　　近年台灣的生產品質已經越來越高，大家也對浪費醫療資源的狀況略有所聞，所以別一懷孕就急著往大醫院跑，仔細地傾聽自己心裡的聲音，選擇一個對妳味的醫師比什麼都重要，信任感一旦建立，你與醫師的緣分就不會斷了！

　　如此，醫界也才能真正落實轉診制度，妥善運用資源照顧到每個需要積極照顧或是需要跨科別照顧的孕婦，如果大家都有這個觀念，相信台灣的母嬰醫療環境會更好。

02 預產期推算比妳想得還重要

診間對話

淡定林:「哇,看到寶寶心跳囉,這樣預產期就是在8月哦。」

天真婦:「8月!所以我會早產嗎?這樣會不會影響到寶寶?」

淡定林:「沒有啊,為什麼會早產?」

天真婦:「懷胎不是要10個月嗎? 8月生的話沒有滿10個月啊!」

淡定林:「其實,懷胎本來就不用10個月啊。」

▶ **思宏的 OS** ◀

只要預產期抓得準,預產期前7天至預產期後3天生產都是正常的生產時間,不一定會在預產期當天生產。

什麼時候能夠迎接小生命，是大多數準爸媽最關心的問題，預產期不但能推算胎兒何時出生，同時也會影響到孕婦在哪個階段該做什麼產檢，是非常重要的推算。

那麼，預產期究竟該怎麼算？

一般來說，懷孕天數是280天，也就是40週，所以只要將懷孕前最後一次生理期的第一天加上279天，就能推算出預產期。

至於常見的「＋9＋7」這個算法呢，就是說假設妳懷孕前最後一次生理期第一天是2月1號，2＋9、1＋7之後就會得到11月8號這個預產期，不過這個算法只適用於月經28天一次，生理期規律的女性，況且月份有大、小月之分，所以這個算法也只是參考用，未必準確。

妳一定會想問，那月經不規則的人怎麼算？這就必須交給專業的醫師，在8-12週內藉由超音波評估胎兒大小校正預產期。

說來很奇妙，即使現在每個人高矮胖瘦都不一樣，但在12週前，每個胎兒隨著週數不同，身體都會長到固定大小。比如說，不論之後的體型如何，10週的胎兒就是3.5公分大，11週就是4.5公分。

所以，醫師就會從胎兒大小判斷懷孕週數，進而推斷預產期，這是婦產科醫師一項重要責任，因為能夠精準校正預產期，才能讓產檢發揮最大作用。

為什麼我會這樣說呢？

就拿第一孕期唐氏症篩檢胎兒頸部透明帶檢查為例，基本上8-14週都適合進行這項產檢，但最好的時機則是在12週。也就是說，假如預產期抓不準，很可能孕婦就不能在最恰當的時機接

受該階段的檢查。

不過，預產期抓得準，不代表妳一定會在那一天生，最有可能的生產日期會落在預產期前7天至後3天，大概會有7成左右的孕婦會在預產期前生產，真的在預產期當天生產的頂多才1成，所以也不用認定孩子一定是預產期當天出來相見歡。

另外，我相信有很多女性不知道胎兒週數究竟怎麼算的，為什麼即使很快就發現懷孕，胎兒卻已經4週了？

這是因為懷孕週數是從孕前最後一次月經的第一天開始算，但胎兒並不是在第一天受孕，如果月經週期規則，受精日應該是在排卵日前後，也就是週期的第14天左右，就週數計算的方式來看，即使是在排卵日當天受孕，而妳在下一個月生理期沒來的第一天就驗出兩條線，就等於已經懷孕4週，簡單來說，胎兒實際的受孕週數會少2週。

所以，大家不要再常被「懷胎十月」這四個字弄混了，懷胎根本不需要10個月，實際上只有9個月又1週（40週）。然後再想想，其實實際懷胎到生產也沒想像中久嘛，畢竟一驗到就4週了。這樣想，會不會讓妳更快樂珍惜懷孕的時光？

目前對「足月」的定義是37-42週間生產都算正常，只要預產期抓得準，過了當天還沒生產的機率就會大幅下降；至於希望剖腹產的孕婦，則建議選擇在預產期前10-14天內進行剖腹，是最佳的時機。

03 吃了藥、喝了酒，才發現懷孕了⋯⋯

焦慮婦：「醫生，我還不曉得自己懷孕的時候吃了感冒藥，怎麼辦？」

淡定林：「基本上應該不會造成太大影響。」

焦慮婦：「可是我還有吃止痛藥，怎麼辦？」

淡定林：「胎兒應該不會有問題。」

焦慮婦：「醫生，你可以給我明確一點的答案嗎？？」

▶ 思宏的 OS ◀

還不知道懷孕時不小心碰了點酒和藥物，基本上不用太緊張，反而是知道後的孕期間千萬別再碰菸酒，如果需要用藥也得按照醫生指示喔！

如果妳去問任何一個婦產科醫生「不知道懷孕時吃了感冒藥怎麼辦？」，我相信大家的答案都一樣：「基本上不會造成太大影響」、「應該不會有問題」，聽起來很模棱兩可，但這真的是醫師能給出最貼切的答案。

因為根據研究，胚胎發育期是在懷孕8-13週，這時候服用藥物要格外小心，但是一般常見的感冒藥、止痛藥基本上對胎兒都不會造成太大影響。

要注意的是，假如孕婦有持續服用安眠藥、某些抗生素（例如四環黴素），或者精神疾病（例如癲癇）的藥物，便有可能影響胎兒心智發育。平常若有服用這些藥物的習慣，我建議一旦有了懷孕計畫，藥物便要開始進行調整。

一般來說，孕期用藥可分為五級，分別是A、B、C、D、X，A級為安全用藥，B級多半不用太擔心，以此類推，X級藥物基本上不適合孕期。但是，這個分級表只是臨床上參考用，目前大部分的藥物都還沒有定論，不能確定將對胎兒造成多大影響，坦白說就是「沒有哪些藥物一定不能用」。

不過我也發現一個很有趣的現象，大多數孕婦吃了西藥緊張兮兮，對於中藥反而沒什麼疑慮。我還是要提醒大家，中藥也是藥，一定要慎選合格中醫師，不要太掉以輕心。

至於還不知道懷孕時喝了酒怎麼辦？先不用過度緊張，只要妳不是大量酗酒，基本上不會有影響。

但請先冷靜一下，別想立刻去開紅酒慶祝，孕期間最好還是不要喝酒，我知道懷孕壓力很大，難免想把自己灌醉紓壓，但為了胎兒健康，這種事還是等到生了以後再說吧。（可能還要哺完乳後）

除了吃藥、喝酒之外，還需要注意的是抽菸。即使是在懷孕前才有抽菸習慣，懷孕後一根菸也不抽，仍然會對孕期產生影響，因為有菸癮的女性血管功能較弱，肺活量下降，連帶地胎盤功能也會比較差，當然就會影響到胎兒。所以，如果計畫懷孕，建議把菸癮戒了吧，對孕婦和胎兒都有好處。

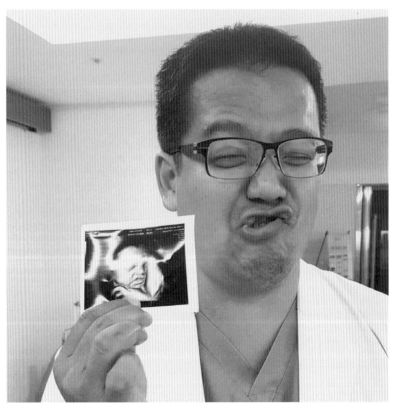

● 媽咪，別再補啦，我在妳肚子裡快擠爆了。

04 | 孕婦飲食與
營養品進補指南

誇張婦：「醫生，我帶了平常在吃的營養品，你可以幫我看看有沒有問題嗎？」

淡定林：「好啊。」

誇張婦（開始掏包包）：「這是綜合維他命、魚油、鈣片、補鐵的、珍珠粉、益生菌……啊，還有這是妊娠霜，一瓶是油、一瓶是乳液。這些都 ok 嗎？」

淡定林：「ok 啊，但我有一個問題……妳是多啦 A 夢嗎？包包到底塞了多少東西啊？」

▶ 思宏的 OS ◀

說實話，懷孕不用過度進補，因為即使不吃，孩子也會長大，除了營養品的補充，孕期更應該在乎有沒有適量運動，才能改善身體健康狀況喔！

懷孕初期，荷爾蒙比較不穩定，尤其在9-10週變化最劇烈，常常出現食欲不佳、孕吐等現象，因此飲食方面以「能吃就好」為目標，輕鬆選擇想吃的食物即可。

到了懷孕中期，可以多補充點蛋白質，包括奶、蛋、富含DHA能幫助胎兒腦部發育的魚肉、瘦肉、豆漿，以及可補充鈣質的起司、堅果類、杏仁、芝麻、海藻等，都對胎兒的發育有幫助。另外，通常素食者會較缺乏B12，可以適時利用綜合維他命補充。

後期的飲食維持跟中期一樣，吃過多通常都是胖在媽媽身上，不過因為懷孕後期容易水腫、便祕，可以多攝取蔬菜跟水果，例如柑橘類、奇異果、蘋果、芭樂、火龍果都很棒，但是切記要吃原型水果，少喝果汁，畢竟乾了一杯柳丁汁，可能就等於喝下6、7顆柳丁的糖分。

孕期間想檢視自己的菜單，可以依照美國孕婦協會提供的方法：將一餐視為一個切成四等分的圓盤，最好1/4主食（飯、麵）、1/4主菜（魚、肉）、1/2的蔬菜水果和牛奶，這就是健康又營養的菜單。

懷孕前有在吃的食物，孕期都還是可以繼續吃，如果擔心胖太多，就維持跟孕前同樣的食量，不用刻意進補或多吃。畢竟懷孕是一個妳不主動覓食，旁人也會不間斷餵食的過程。

當然除了平常飲食，很多孕婦會開始攝取營養保健食品或進補，那麼孕期間究竟該補充哪些呢？

由於現在大家外食比例高，很難得能均衡營養飲食，所以我會建議補充綜合維他命；加上外食比較少吃到魚類，可以藉由魚

油、藻油攝取DHA，有助於胎兒腦部發育；此外，懷孕至32-33
週便可以開始補充卵磷脂，有助於通暢乳腺。有些網路文章說魚
油富含有EPA，會容易導致產後大出血，這完全是謬論，魚油中
的EPA的確有微量抗凝血的作用，但是它絕對不會造成產後大出
血，請各位媽媽安心服用。

現在很流行喝滴雞精、燕窩，我也不反對，這些都算是功能
性食品，雖然尚未證實具有療效，但滴雞精無油、高蛋白，燕窩
則是富含膠原蛋白，吃了當然沒問題，只是錢包會痛而已。

我時常看到很多孕婦一天要吃的營養品高達7、8種，還不
包含擦的、抹的，至於妳好奇吃太多營養品會不會造成負擔？基
本上只要它的成分沒有污染物、品質良好，吃太多也不會怎樣，
頂多就是代謝掉而已，太油、太甜的食物才會造成負擔，如果妳
敢一口氣吃3個甜甜圈，應該沒理由擔心營養食品對身體形成負
擔吧？

琳琅滿目的營養品，的確是胎兒營養來源的重要一環，但
不代表妳攝取了維他命，就能肆無忌憚地癱在沙發上擺爛啊！我
要強調的是，不要只在乎吃多少營養品，懷孕是一段長期抗戰的
過程，妳更該注意的是自己的身體狀況，運動在懷孕過程扮演很
重要的角色，多做一些核心肌群或有氧運動，如游泳、快走、瑜
珈、滑步機、騎飛輪等，都可以增加肌肉的彈性、延展性與耐
力，才能夠支撐妳健康度過孕期。

05 吃了 ABC，
別忘了維他命 D

焦慮婦：「醫生，我有在吃葉酸，這樣應該就很夠了
吧？」

淡定林：「也可以多攝取維他命 D 唷！」

焦慮婦：「可是我討厭曬太陽！好熱！」

淡定林：「我叫妳用吃的啊，沒有叫妳曬太陽啦……」

▶ 思宏的 OS ◀

維他命 D 是非常重要卻很常被忽略的營養素，孕婦
一定要多多補充喔！（1000-2000IU ／每天）

不誇張，我看過很多孕婦每天必吃的營養品少說7、8種，吃這些當然沒問題，但重點是孕婦們得了解自己究竟吃了什麼？吃下去後，又能起什麼實質的作用？

　　最常見的例子是，大多數人都知道孕期要補充葉酸，事實上台灣孕婦缺葉酸的比例僅有3％，可是台灣女性缺乏維他命D的比例竟高達98％，原因很簡單，許多台灣女性視太陽公公為仇人（笑），超級重視防曬，懷孕後又不愛運動，加上沒有特別補充維他命D，身體當然就缺乏了。

　　維他命D是非常重要卻常常被忽略的營養素，作用不只是大家熟知的強化骨骼，對一般人來說，維他命D與自體免疫疾病、癌症、神經傳導、心臟病以及骨骼健康息息相關；而對孕婦來說，缺乏維他命D與許多嚴重的產科併發症有絕對的關係，包括早產、流產、妊娠糖尿、子癇前症、胎兒過小等等。

　　其中，流產的原因雖然有很多，但孕婦本身有自體免疫疾病是容易導致流產的高危險群，所以曾因自體免疫疾病飽受流產之苦的妳，更應該要多加補充維他命D，讓孕期更順利。

　　維他命D要如何補充？首先了解一下，維他命的定義是「一種少量的營養素，而且人體無法自行合成，一定要透過外在途徑來補充」，但很奇妙的是，當陽光照射到人的皮膚上，人體便會自行產生維他命D。一般來說，要照射到正午的陽光，而且不能採取任何防曬措施10-15分鐘，人體才能真正自行產生維他命D。

　　看到這裡大多數的女性可能已經開始哇哇叫，畢竟正中午不擦防曬在戶外曬太陽，根本就是自殺式行為，那麼就改用口服維他命D吧，同樣對健康有益。而且有吃綜合維他命習慣的孕婦，

建議還是要額外補充，因為綜合維他命當中的維他命D量並不足夠。

　　我強烈建議孕婦們先去檢查自己的維他命D數值，若數值>30代表正常，一天建議補充400IU（International Unit，國際單位）；若數值是介於15-30代表輕度缺乏，一天建議補充1000IU；若數值<15則是嚴重缺乏，一天則建議補充2000IU以上。

　　如果妳不知道自己的數值，或是不用驗也大概知道自己肯定缺乏，那請直接去買3罐維他命D（膠囊或油滴劑皆可），按照建議劑量吃完，這樣妳的身體維他命D數值應該就會趨於正常。

　　孕期正視維他命D的重要，絕對有益妳和胎兒的健康喔！

06 | 惱人的害喜和孕吐

焦慮婦:「醫生,我最近已經不太會想吐了。」

淡定林:「那很好啊,之前不是吐得很痛苦嗎?」

焦慮婦:「可是沒吐之後反而好焦慮哦。」

淡定林:「為什麼?」

焦慮婦:「因為這樣感覺好像感覺不到寶寶存在啊!」

▶思宏的 OS ◀

害喜、孕吐是非常正常的現象,辛苦的孕婦可以靠一些食物緩解症狀喔。

懷孕6-12週時，對很多孕婦來說是害喜地獄，以前覺得香噴噴的鹽酥雞現在聞起來變得好噁心，其實這是因為體內 β hcg 指數上升，還有懷孕的賀爾蒙變化，造成腸胃蠕動變慢，所以會容易想吐，通常在8-10週時最為明顯，到12週以後便會緩解，這時候胎兒通基本上都很穩定了，假如沒有出血狀況都可以不必太操心。

荷爾蒙變化造成的孕吐是非常正常的，妳只能面對它、接受它，過一陣子才能放下它。我要強調的是，這時期想吃什麼就可以吃，以吃得下為主，但「可以吃」不代表能夠減少荷爾蒙變化，如果真的不太舒服，可以喝點氣泡水緩解孕吐症狀，如果妳體重控制得很好，有氣的飲料如可樂、雪碧等也可以。

至於為什麼有人說孕婦都愛吃酸的？這是因為酸味也可以緩解想吐的感覺，例如可以適時吃點檸檬、梅子、鳳梨、果醋飲等等，或者泰式料理，這些都是沒問題的，能讓妳舒服一點。

懷孕期間，很多人會突然害怕某些味道，或者對一些氣味變得很敏感，這時可以喝點薑絲湯，或是日本料理中常見的薑片，畢竟薑本來就具有去腥作用；此外，補充維他命B6，同樣能達到舒緩噁心感的症狀。

如果真的吐得很不舒服求助醫師，醫師可能會開給妳抗組織胺，或是化療用的止吐藥，這些藥品都已被證實對胎兒不會有影響，請安心服用。

雖然害喜、孕吐是再正常不過的現象，但有些人吐得太嚴重，會在尿液檢驗出酮體，那代表妳的身體水分不夠，導致開始代謝到蛋白質，當妳身體出現這麼嚴重的脫水現象，就有住院的

必要。每個人對於「嚴重」的定義不同，不一定要到狀況多劇烈才能就醫，假如妳真的覺得不舒服，就趕緊向醫師諮詢吧！

　　懷孕真的是一件矛盾至極的事，害喜時吐得昏天暗地，這麼痛苦的感覺卻是胎兒存在的證明；等到過了12週突然不吐了，妳又會開始胡思亂想「寶寶會不會突然心跳停止」？

　　而且，通常胎動會在18週之後才出現，所以12-18週之間的空檔，既不想吐又感受不到胎動，總讓孕婦很焦慮，好不容易等到開始感覺到胎動了，又開始緊張兮兮地數胎動。

　　其實每個孕期都有不同擔心的點，可是擔心有什麼用呢？只要產檢時沒問題，無論是在哪個孕期，輕鬆以對都是對孕婦和胎兒最棒的方式，放下心吧！

07 喔不！腰痠、小腿抽筋、水腫、便祕及痔瘡不要來

焦慮婦：「醫生，我便祕好嚴重，好幾天沒上廁所超痛苦。」

淡定林：「有攝取纖維或優格、優酪乳之類的嗎？」

焦慮婦：「有啊，但還是沒用，一樣上不出來。」

淡定林：「狀況這麼嚴重，可以考慮吃藥喔。」

焦慮婦：「我不敢吃，怕對寶寶不好。」

▶ 思宏的 OS ◀

如果嘗試了各種方法，身體的不舒服到懷孕後期還是很嚴重，就依照醫生指示吃藥吧，可別硬撐不吃藥，整天唉聲嘆氣對胎兒更不好啊！

由於身體及荷爾蒙的變化，懷孕時常出現腰痠、小腿抽筋、水腫、便秘及痔瘡等惱人問題，真的很難完全避免，但孕婦還是可以善用一些方式減緩症狀喔！

- **腰痠**：挺著大肚子，容易腰痠是想當然的，希望改善腰痠，最重要的是讓背部獲得充分休息。除了平時可以使用托腹帶減輕負擔，睡覺更是背部放鬆的最佳時機。孕婦由於肚子凸出，導致腰部會拱起來，很難入眠，所以床墊的選擇顯得非常重要，或者是將腳墊高，讓背部能夠完全服貼在床上獲得充份休息，都能夠改善睡眠品質。
假如腰痠狀況真的太嚴重，也可以貼上痠痛貼布，甚至按摩也都有助於減緩症狀。

- **小腿抽筋**：抽筋是由於肌肉突然血管收縮造成，孕婦常常因為孕期容易水腫，或是天氣冷導致肌肉突然收縮，進而壓迫到血管，便發生抽筋的狀況。
所以除了注意保暖之外，最好的方式就是多運動，增強血液循環，讓自己的血管不容易被壓扁，或者補充維他命 D 和鈣，都能減少抽筋。

- **水腫**：孕期時常缺少水分又容易水腫，除了多喝水及抬腿舒緩，建議孕婦也可以吃點利尿的食物，例如西瓜、木瓜、絲瓜、高麗菜、白菜、紅豆水、黑豆水、玉米鬚茶，甚至飲用適量的咖啡，都有助於消除水腫。
而且老實說，想消水腫，尋求中醫的天然藥方也是個好方

法，畢竟西醫只有利尿劑能開給妳吃，假如水腫狀況真的很嚴重，不妨求助於專業的中醫師，中藥或許可以有意想不到的效果。

- **便祕與痔瘡**：懷孕會造成腸胃蠕動變慢、增加養分吸收時間，導致便祕的產生，想要避免這個情況，除了攝取大量纖維質之外，如果是消化不良引起的便祕，建議可以吃消化酵素、原味優格（有些優格含糖量多得可怕，一定要慎選）、益生菌等等改善腸胃道功能。

  要提醒的是，有些孕婦在孕前可能是吃完就拉，怎麼吃都吃不胖的體質，雖然吃不胖令人羨慕嫉妒恨，但其實這代表身體的消化功能有問題，一旦懷孕之後，由於腸胃蠕動變慢，加上消化功能本來就不佳，反而更容易嚴重便祕。所以，我強烈建議有備孕計畫的女性要先調理好腸胃道，否則孕期間的便祕問題會非常折磨人。

  調理腸胃道之所以非常重要的另一個原因，是因為如果腸胃不好造成便祕，又由於腹壓增加，血液循環變差，加上解便時太用力讓血管充血更加嚴重，會非常容易導致痔瘡。遇到這樣的情況，除了可使用托腹帶減輕腹壓之外，解便也盡量不要太用力，以防止痔瘡惡化。

　　以上這些症狀，假如妳試過了各種舒緩方法卻還是相當嚴重，建議還是在醫生指示下服藥，別為了擔心影響胎兒健康而不吃藥，整天唉那裡痛這裡不舒服的，不僅妳痛苦，身邊的人也開心不起來，何況是妳肚裡的胎兒呢？

08 善用托腹帶減輕孕期負擔

焦慮婦：「醫生，肚子太大，我每天都腰痠背痛，怎麼辦？」

淡定林：「妳可以用托腹帶啊，要不然就是多運動。」

焦慮婦：「可是上次一用托腹帶，寶寶掙扎得好厲害，是不是很不舒服？」

淡定林：「不用擔心，托腹帶不會影響寶寶。」

焦慮婦：「可是有網路文章說托腹帶綁錯位置會影響胎位耶！」

淡定林：「不要相信沒根據的網路謠言，托腹帶真的很安全啦～」

▶ 思宏的 OS ◀

托腹帶是非常安全的輔助工具，孕婦都可以自行安心使用，不用擔心影響胎位。

懷孕後，隨著肚子越來越大，孕婦的腰背承受的重量也越來越沉重，這時候托腹帶絕對是妳的好朋友，通常建議懷孕中後期就可以開始使用。

尤其是職業婦女很辛苦，懷孕照常要出門上班，假如妳的工作需要長時間站立或是走來走去，或者妳的下半身容易痠痛，常有雙腳及屁股發脹、發麻的狀況，我都強烈建議妳使用托腹帶。

一天 24 小時揹這麼重的胎兒在身上，隊友（老公）再心疼也無法為妳減輕負擔，同事更幫不了妳太多，所以妳更要懂得讓自己舒服、輕鬆一點，托腹帶絕對是簡單又安全的選擇。

至於不用出門上班或長時間站立、行走的孕婦，有時候也會易腰痠背痛，主要是因為背部肌肉不足，但妳可能也很難短短時間內提升肌肉量，這時候托腹帶的好處就是能夠幫助增加支撐力量，讓妳的負擔小一點、輕鬆一點。

有的孕婦說，使用托腹帶後，胎兒動得很明顯，是不是因為不舒服在掙扎？其實不是哦，托腹帶並不會造成胎兒的不舒服。簡單來說，子宮沒有感覺神經，肚皮才有，所以當胎兒的動作振動到肚皮時，妳才會有感覺，使用托腹帶之後，因為子宮和肚皮緊緊地貼在一起，於是更容易感受到胎兒在動，並不是因為胎兒被勒得不舒服導致動作變得劇烈。

當然也有孕婦擔心使用托腹帶會造成胎頭轉不下去等胎位不正的現象，這也是無稽之談，懷孕要處理的瑣事夠多了，不需要再為了沒有根據的謠言自尋煩惱，還是讓自己舒服一點比較實在。

托腹帶是很常見又安全的輔助工具，不僅能夠減輕腰痠背痛，同時減輕肌肉張力、減少妊娠紋生成的可能，孕婦都可安心使用。

09 感覺缺氧、
吸不到空氣的時候⋯⋯

焦慮婦:「醫生,我常常感覺缺氧、很喘,這是正常的嗎?」

淡定林:「不瞞妳說,我爬樓梯時也常常覺得很喘⋯⋯」

焦慮婦:「哈哈哈哈,那到底要怎麼樣才不會喘啊?」

淡定林:「等到寶寶出生,自然就會好了。」

▶ **思宏的OS** ◀

懷孕期間感覺缺氧、吸不到空氣為正常的現象,是心肺功能負擔增加的結果,想徹底根除的唯一辦法就是把孩子生出來!

孕期間孕婦有時候會感覺缺氧、吸不到空氣是正常的狀況，主因大致有兩項，第一，因為懷孕會讓血量與血氧增加，相對地血紅素會下降，一旦血紅素下降，就會導致攜氧能力變得較差，心臟不一定能負荷，便會很容易喘。

　　第二，由於懷孕時肚子變大、體重增加，下肢負擔的重量更多，導致血液回流較差，壓迫到靜脈血液循環，會讓妳有缺氧的感覺。所以，如果體重增加太多也會比較容易感覺到缺氧、吸不到空氣。大家都說胖子容易喘嘛，想想這句話，大概就知道為什麼懷孕時常常覺得很喘了。

　　基於以上原因，通常週數越大，這樣的症狀會越明顯。另外有種特別的狀況，例如有些孕婦有二尖瓣膜脫垂，實際上此症狀並不會影響到胎兒，別太擔心，但的確比較容易造成喘的感覺。

　　既然如此，要怎麼樣根除這些不舒服的狀況呢？
　　很簡單，等孩子生出來就沒事了。

　　好啦，在妳翻白眼之前，我還是提供一些專業的建議，希望幫助妳緩解症狀。假如造成妳缺氧、喘不過氣的原因是心肺功能不佳，建議一定要多運動增強心肺功能；血紅素不足的孕婦，可以多吃點紅肉、深色蔬菜、水果、內臟類，這些食物都有豐富的鐵質；而下半身血液循環不良的孕婦，更要多活動，並且使用托腹帶減少下半身的負擔。

　　不要以為躺在床上比較能改善，答案剛好相反，很多孕婦站著反而比坐著舒服，走動又比站著舒服，這是因為多活動有利於減少壓迫下半身血液循環，讓缺氧的症狀得到緩解。

此外，由於懷孕期間體重增加，粘膜腫脹進而壓迫到氣管，會更容易誘發氣喘的發生，孕前使用的鼻噴劑與藥物都可以繼續使用，不用擔心影響胎兒。

　　打個殘忍的比方，懷孕就像是變成一個胖子的生活，容易喘很正常，等到妳瘦回原本身形，身體當然就會恢復。所以孕期間不要胖太多、胖太快，當然也是減少容易缺氧、喘不過氣的方法，但是不用急於在孕期間減肥，只要管好自己的嘴巴，少吃一些高油、高糖的精緻食物，就能為身體減輕一點負擔了。

10 孕期分泌物變多很正常

豪放婦:「醫生,我的分泌物變多了耶,有關係嗎?」

淡定林:「很正常啊,但是有奇怪的味道嗎?」

豪放婦:「我自己聞不會啊,叫我老公聞,他還說香香的。」

害羞夫:「嗯……」

▶ **思宏的 OS** ◀

懷孕期間分泌物變多是正常的,從顏色跟氣味都可以判斷究竟是不是黴菌或細菌感染。

懷孕時，黃體素與雌激素會產生變化，導致子宮頸腺體增生，使得分泌物變多，甚至孕前沒有什麼分泌物的女性，懷孕後也開始出現分泌物，這些都是正常的現象，但如果感覺到搔癢與異味，就必須多加留意，很可能是感染。

　　感染大致上可分為黴菌與細菌感染，兩者的症狀不盡相同。很多懷第二、三胎的孕婦容易漏尿，加上體溫較高，陰部便成為悶熱的環境，很容易造成白色念珠菌感染。這樣的黴菌感染可能伴隨著搔癢的症狀，除了就醫吃藥或塞劑之外，我建議最好穿裙子或寬鬆通風的褲子，並且改穿棉質內褲，或勤更換護墊，另一方面多補充益生菌或蔓越莓，也都可以減少黴菌感染。

　　至於如果是細菌感染，往往是尿液逆流或是肛門大腸桿菌造成，一旦感染，會出現黃綠色的分泌物，並且有類似腐敗的味道或魚腥味。假如出現這些症狀，絕對不要掉以輕心，因為細菌感染很可能引起破水，甚至引發早產，所以就算妳聞那味道聞到都麻痺了，拜託還是要為了胎兒儘速就醫啊！

　　現在市面上有很多私密處的清潔用品，一般來說，如果單純清潔外陰部是沒問題的，因為可調整酸鹼值，會陰部會比較健康；但我不建議清洗內陰部，畢竟陰道本來就不是無菌的環境，過度清潔只會打壞內部好菌壞菌的平衡，反而可能會降低本身的抵抗力。

　　其實分泌物這件事很看人，有的人體質好，就是不容易感染，有些人體質稍差，即使盡可能保持環境乾爽，反覆感染的狀況還是屢見不鮮。所以請不要神經太大條，如果分泌物的顏色、味道有異，記得趕快向醫師諮詢哦！

11 妊娠紋的美麗與哀愁

崩潰婦：「醫生，我有妊娠紋了，擦妊娠霜有用嗎？」

淡定林：「多少有幫助，妳可以試試看。」

崩潰婦：「那我要買什麼牌子？怎麼擦？要按摩多久？」

淡定林：「每個人適合的不一樣，只能靠妳自己去做選擇。」

崩潰婦：「那妊娠紋生完小孩會消失嗎？」

淡定林：「很遺憾，它是母愛的勳章，通常只會淡化，不會消失。」

▶ 思宏的 OS ◀

妊娠紋因為懷孕而出現，卻不會因為生完孩子而消失，它不光是美觀與否的問題，可能會影響到妳接下來生活的心情。

懷孕期間，如果體重增加過快，很容易造成皮下有彈性的結締組織斷裂，形成妊娠紋，而皮膚缺水乾燥，也是妊娠紋形成的另一大主因。所以孕婦會發現，妊娠紋通常出現在承受最大重量、肚子最繃的下半部，也就是說，跟所謂的肥胖紋、生長紋的形成是差不多的概念。

　　有的人可能上輩子積很多陰德，體質屬於即使懷孕讓肚皮撐大再縮小，又沒有特別保養，也不會產生紋路。但如果妳沒那麼幸運擁有天生麗質，可以透過多運動促進血液循環、增強皮膚彈性；或者多喝水，並使用富含維他命C或E的妊娠霜按摩，從裡到外補充水分；甚至善用托腹帶，減少肚子的受力，都可以降低妊娠紋的生成。

　　許多透過保養對抗妊娠紋的秘訣，相信孕婦們一定都比我懂，我就不必在關公面前耍大刀了。但看過千千萬萬個產婦的我必須說，不要太小看妊娠紋，因為它可能會讓妳從一個比基尼辣妹，變成打死不願意到陽光沙灘的宅女，甚至可能影響後續的日常生活。

　　影響生活的原因，不單是因為美觀，更是因為妳的心情。畢竟妊娠紋不會消失，只會淡化。當妳看到其他媽媽生產後身材依舊火辣，在海邊穿比基尼大露馬甲線，再低頭看看自己鬆垮的肚皮和紋路，很可能會對自己失去自信。一旦妳失去自信，變得不愛社交，寧可躲在家裡，久而久之也會影響和隊友（老公）的相處，長久下來對兩人的身心都不健康。

　　如果妳能夠跟妊娠紋和平相處，甚至覺得那是母愛的勳章，那再好不過了，可是一旦夫妻倆從孩子誕生的欣喜，逐漸被顧小

孩的勞累籠罩，產後的妳難免會因此想東想西，例如：我辛辛苦苦生完孩子，為什麼自己的肚皮不能變得跟從前一樣緊實光滑？大家不是說男人是視覺動物，老公會不會對我身上的妊娠紋有意見，而影響「性致」？！

這些想法，讓看似是懷孕期間無關痛癢的妊娠紋，對妳後續的生活造成影響，只是很少人會想到這麼遠的事情。站在醫生角度，我不但希望孕婦在懷孕時快快樂樂，也希望孩子出生後，依然是個開開心心的自信媽咪，究竟要開心接受妊娠紋是身體的一部分，或者徹底與它道別，決定權都在妳的手上。如果真的很在意，禾馨形體美學中心可以為每位孕婦量身打造產後復原計畫，其中就包括了「子母線淡化」以及「妊娠紋改善」的課程。

不管你是自信地看淡並接受身體上留下的痕跡，或是希望透過醫學讓自己有其他選擇，只要妳開開心心，任何決定都是最棒的決定。

12 孕期間不可不知的用藥守則

診間對話

執著婦：「醫生，那個⋯⋯咳咳咳、咳咳⋯⋯」

淡定林：「妳感冒了嗎？」

執著婦：「對啊，咳好多天了，但我不敢看醫生吃藥，咳咳咳⋯⋯」

淡定林：「感冒藥基本上沒問題好嗎！而且如果是流感放著不管會更嚴重哦！」

▶思宏的 OS ◀
孕期間該用的藥還是可以用，不該用的盡量避免，不是所有的藥都對胎兒有影響！

懷孕期間感冒了吃藥會不會對胎兒不好？我看過很多孕婦因為擔心，忍著不舒適的感冒症狀而不願看醫生，真的不要瞎操心啦！孕期間的感冒用藥基本上都是沒問題的，否則真的要把肺都咳出來了才能看醫生嗎？

其實感冒一般來說是不用特別治療的，只是孕期抵抗力會比較低，而且感冒往往伴隨著咳嗽，有些懷第二、三胎的孕婦咳得嚴重時會有漏尿、肚子緊等不舒服的狀況，既然感冒都已經影響到生活了，就還是趕緊就醫吧，人生不需要在這時如此執著。

而且最好也不要太輕忽發燒等症狀，孕婦一旦發燒一定要盡速就醫，萬一是流感，這對孕婦來說可是很嚴重的事，不但容易引發肺炎，還可能導致胎兒水腫、子宮內生長遲滯……，甚至突然胎死腹中等症狀，真的不要為了擔心藥物影響胎兒，反而延誤了就醫的黃金時刻。

至於怎麼分別究竟是感冒或流感？這得交給專業的來，一般人沒辦法判斷，所以妳還是必須就診，選擇婦產科、家醫科、耳鼻喉科都可以，只要記得告知醫生妳是懷孕狀態，他就會給妳孕期可安心服用的藥物。

雖然孕婦真的沒那麼脆弱，但妳必須隨時隨地提醒大家自己是懷孕的狀態，醫療人員才能做出最安全也最適合妳的治療方式。

而且，比起感冒藥，妳更該注意的是高血壓、糖尿病以及精神疾病方面的藥物，例如安眠藥、憂鬱症的用藥、抗癲癇藥、抗焦慮藥等等，這些藥物有部分已被證實會對胎兒造成影響，所以有這類病史的婦女若已有服用這些藥物的習慣，在準備懷孕前，

建議先向原本開藥的醫師諮詢，進行藥物調整至少1-3個月再準備懷孕；假如懷孕中有需要服用上述的藥物，也一定要積極詢問婦產科醫師，遵循醫師指示用藥。

　　附帶一提，由於懷孕前3個月（13週前）是胎兒器官快速發展的時期，所以在這段時間內，應該盡量避免進行各項檢查及治療，包括胃鏡、腸鏡或開腹腔鏡等手術。一旦過了第一孕期，也就是13週之後，胎盤功能比較穩定後，才能夠接受胃鏡、腸鏡、或腹腔鏡手術等治療。

13 孕期體重控制，營養比數字更重要

淡定林：「媽媽體重很標準哦，控制得很好。」

壓抑婦：「真的嗎～耶！不枉費我吃得這麼健康。」

淡定林：「寶寶出生後，一樣要保持下去。」

壓抑婦：「什麼！我還想說生完要大吃雞排、珍奶還有起司蛋糕耶！」

瘦孕婦：「醫生，我好胖！」

搞笑林：「妳這樣還胖，那妳叫她怎麼辦？」（手指跟診護士）

護士：「你好意思說我，你也不看看你自己的樣子，還真的以為是乘五耶～」（張牙裂嘴爆怒！！！）

瘦孕婦：「哈哈！太好笑了！那醫生你對養胎不養肉有什麼看法？」

搞笑林：「很好呀！但不要過度要求自己這個不吃那個不吃的，不好！像妳已經瘦成這樣不要再偏激了！一切自然開心就好！」

▶思宏的 OS ◀

孕婦吃得是否營養均衡，比妳的體重增加多少更重要！

懷孕是件開心的事，不過我猜，對孕婦來說最痛苦的事情之一就是體重的增加，而且現在一堆女明星、網美剛生產完，身材馬上恢復成像沒懷孕過一樣，根本逼死全國婦女同胞，所以「懷孕胖多少才算合格」成了許多孕婦關心的事。

　　懷孕時由於身體機能改變，消化會變好，所以很可能妳吃的量跟孕前一樣，卻還是會增加5公斤左右，基本上前7個月，體重以1個月增加1公斤的速度就算標準，正常體型的女性整個孕期體重增加8-12公斤都算合理範圍。我的建議是，如果本來BMI值就高於25的女性，增加體重應控制在5-8公斤之間；而BMI值小於18的女性，體重增加12-15公斤都沒問題。

　　雖然體重增加太多不算好事，但也不需要太極端。我看過不少網友分享要產檢時最緊張的就是量體重，胖太多可能會被醫師羞辱（絕對不是我！我超放任孕婦的！）其實嚴厲的言語只是一種手段，提醒孕婦體重不要超標太多，不過我也不建議孕婦為了控制體重而節食。

　　假設體重超過範圍太多，應該從飲食調整下手，進行體重控制，通常會建議孕婦一天攝取1800卡左右的熱量。好啦好啦，我知道算熱量很煩很複雜，那換個更簡單的方式，就是選擇營養又不會造成負擔的食物來吃。懷孕是一段長期抗戰的過程，節食或大吃都不適合，最好少量多餐，減少油炸物，少吃高糖、高油的食品，選擇水煮、清蒸等料理，減輕身體負擔。

　　最重要的一點，就是主食類的控制，包括飯、麵、麵包等，不是完全不能吃，而是選擇GI值（升糖指數）較低的來吃最好，例如以糙米飯取代白米飯、法國麵包取代可頌或波蘿等等。

我當然知道高熱量的垃圾食物吃起來很爽很療癒，但既然肚裡有個小生命，意味著妳不能再吃得太過灑脫，一旦懷孕，最好就調整自己的飲食模式，才能提供妳跟胎兒最需要的營養；假如本來就吃得很健康，也不需要因為懷孕而改變飲食習慣。而且，千萬別以「寶寶太小」為藉口，毫不忌口大吃特吃，容我提醒，胎兒未必會如妳所願變大，但妳一定會大得比胎兒快！而且體重增加太多，導致妊娠糖尿病的機率就會提高，對胎兒反而沒有幫助。（參考 P.62）

此外，雖然體重是許多女性斤斤計較的大事，但懷孕中的妳更需要重視的應該是營養均衡的飲食，而不是體重機上的數字。

然後，妳以為生完就沒事了嗎？想得太簡單了！別以為生產後可以破戒狂吃雞排、珍奶和甜點，生產後，妳應該要吃得更健康，搭配適量運動，才不會每天望著明明已經生了卻遲遲消不掉的肚肉嘆氣。

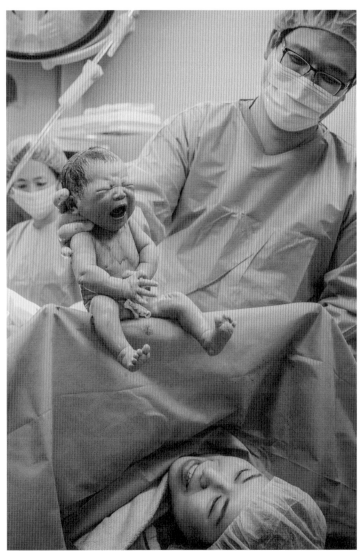

● 是在笑？在哭？還是哭笑不得？寶貝，歡迎來到這個世界。

圖片提供／良大攝影 立凱LIKAI

14 | 胎兒才不是越大越好

焦慮婦：「醫生，我的寶寶是不是比較小？」

淡定林：「喔，是有小一點點，但這沒影響啦。」

焦慮婦：「那我要不要多吃一點，寶寶才會長大？」

淡定林：「吃太多，妳只會大得比寶寶快！」

焦慮婦：「林醫師，你好意思說我⋯⋯」

淡定林：「⋯⋯」

▶ **思宏的 OS** ◀

胎兒越大不一定越好，只要「夠大就好」！

胎兒出生時越大，真的越好嗎？事實上可能完全相反。

　　2012年美國《時代》雜誌上寫道，人的一生決定在媽媽肚裡的9個月，如果在這9個月中養得太大，未來孩子發生高血壓、高血脂、高血糖及新陳代謝症候群或者肥胖的機率越高。

　　所以，我常說胎兒「夠大就好」。「夠大」的定義是足月37週生產，體重滿2500克，是不是比大家想像中合格的體重寬鬆很多？一般來說，胎兒27週時有1000克、33週有2000克、36週時有2500克都屬於標準範圍，真的沒必要擔心胎兒夠不夠大，只要胎盤功能正常，孩子就會自然長到「夠大」，多吃只會造成母體本身過大而已。

　　而且，不是妳想養大，胎兒就會乖乖長大，所以孕婦真的沒必要因為胎兒比較小或是希望孩子大一點而吃比較多，更不要把胎兒太小當做大吃大喝的藉口。謹記以下這句警世良言：「多吃寶寶不一定會變大，但可以確定的是，妳會大得比寶寶快！」

　　那麼，到底該怎麼做才真的對胎兒有益呢？

　　基本上，13週以前，胎兒都會按週數長大，跟孕婦的身高體重或飲食狀況沒關係；20週之後，胎兒的大小才會開始受孕婦的身高體重、飲食狀況，以及胎盤功能影響。

　　在孕婦的肚子裡，胎兒是依靠臍帶及胎盤獲得營養，所以妳該做的不是狂吃，而是應該多運動，藉此增加胎盤的血液循環，改善胎盤功能，並且攝取均衡的營養、增加抗氧化類食物的攝取（富含維他命C、維他命E的食物），才能提供胎兒足夠的營養，讓胎兒更健康地長大。

　　而營養絕對不等於高熱量，我看過很多孕婦為了讓胎兒長

大，喝很多甘蔗汁，這種糖分超高、營養素又不足的食物，對胎兒根本沒有實質作用，只會讓孕婦長肥肉，還是改攝取營養均衡的食物吧。

現在本來就已經不是將肥胖視為福氣的時代，既然妳平常自己減肥都痛苦得要命，那又何苦讓孩子「胖在起跑點」？為母則強，孕婦要堅強一點，別因為擔心生出來不到3000克會沒面子、可能要插管、被長輩碎念營養不良，而吃下過多高熱量食物，反而更得不償失，影響孩子將來一輩子的健康。

畢竟，懷孕時只有妳可以為自己與孩子的健康把關，其他人的建議別一味全聽、全信。

15 | 數胎動，
太多總比太少好

焦慮婦A：「醫生，我都感受不到胎動耶！寶寶是不是怎麼了？！」

淡定林：「妳才懷孕10週，除非寶寶拳腳工夫真的很了得，否則當然感覺不到啊！」

焦慮婦B：「醫生，這幾天寶寶胎動都超過200次，會不會有問題？他是不是不舒服？」

淡定林：「妳數了多久？」

焦慮婦B：「1個小時。」

淡定林：「數10次就ok了啦，不用真的數滿1個小時，妳也太老實啦，哈哈。」

▶ 思宏的 OS ◀

注意胎動的原則就是，只有「太少」（1小時少於10次）需要多加注意，不用操心胎兒動得太多，動太多絕對不會有問題，更不是胎兒在掙扎唷。

胎動，顧名思義就是胎兒在子宮裡的活動，懷孕初期胎兒體積小、動作輕，所以很難感受到他在活動，直到18週左右，胎兒伸展手腳時已可碰到子宮壁，而隆起的子宮壁會震動到孕婦本身的腹部肌肉，從此孕婦就會開始感受到胎動，28-34週是胎動最多、最劇烈的時刻，孕婦也較能明顯感受到，所以建議第28週就可以開始數胎動囉。

為什麼要數胎動呢？

簡單來講，數胎動可說是一種「胎兒監護手段」，畢竟隔著肚皮，妳很難確定胎兒在肚子裡的狀況，下一次產檢又要等到幾週之後，相信很多孕婦都會擔心胎兒有突發狀況，焦慮到頭髮掉滿地。藉由數胎動，孕婦可以確認胎兒在肚子裡的狀況，所以反過來看，數胎動也是一種讓孕婦安心的方式。

數胎動的方式很簡單，建議在吃飽飯後進行，因為剛吃飽時血糖較高，胎兒活動的次數較為頻繁，伸展拳腳也特別有力。只要用放鬆的姿勢坐下來，胎兒動一次就算一下，連續動兩下就算兩下，1小時內出現10次以上胎動就沒問題，當然啦，如果5分鐘就數到10次胎動，妳就可以數完收工，不需要傻傻地數完1小時。

如果1小時內數不到10次，可以吃點甜食，讓胎兒high一點，再數一次。假如1小時內胎動依舊不超過10次，或者完全沒感覺到胎動，孕婦就應該盡快回診做檢查。

胎動的原則就是，只有「太少」需要多加注意，不用操心胎兒動得太多。最重要的還是不要過度緊張，就像我說的，數胎動其實是讓孕婦安心的一種方式，別為了數胎動反而搞得更緊張兮

分，完全本末倒置。

假如妳是很隨遇而安的孕婦，也不必硬逼著自己要每天數，畢竟只要產檢一切正常，胎兒沒有過小、羊水沒有過少、臍帶動脈血流的狀況沒有異常，基本上不數胎動也沒關係，正常健康的胎兒，就算妳整個孕期都沒數胎動，他還是會平安出生；反過來說，假如胎兒真的有異狀，也不可能因為妳數了胎動，他就突然變得健健康康啊！我們只要知道什麼樣的狀況是異常，能夠及早發現異常的狀況，就是盡到孕婦的本分囉！所以胎動有異常，就是「1個小時胎動不到10次」，如此而已，胎兒狀況不會因為數胎動而改變。我也知道孕婦不可能因此而不緊張，如果妳真的、真的很需要知道胎兒在肚裡的狀況，那就只能比較頻繁的接受產檢囉。

還是那句老話：不要太緊張。

關於數胎動，心理層面跟實際層面我都提出建議了，想怎麼選擇就看妳啦！

16 咦？胎兒打嗝了

緊張婦：「醫生，我的寶寶會打嗝，還動得很厲害，有時好不舒服哦，怎麼辦？」

淡定林：「嗯，妳可以把自己打昏啊。」

緊張婦：「打昏？怎麼打？用工具打嗎？還是叫老公打？」

淡定林：「太太，不要一懷孕就喪失判斷是非的能力好嗎……我開玩笑的啦！」

▶ 思宏的OS ◀

其實胎兒在羊水腔內根本沒有空氣，也當然不會有所謂的打嗝，那是自然的神經反射的動作，也是再正常不過的現象。

孕婦圈總是有很多神秘的傳說，例如感覺到胎兒不規則的動作，歸類為胎動；而有規則性的動作則是在打嗝。

　　這種老是被誤會成打嗝的行為，實際上是神經反射動作，都算是胎動的一種，是胎兒神經發展期間再正常不過的現象，通常12-13週時會開始出現，一直持續到生產，到了28-30週，由於胎兒的體積跟動作都越來越大，所以孕婦更容易感受到胎兒的一舉一動。

　　妳想想看嘛，我們打嗝的原理是因為肚子裡有空氣，但胎兒在孕婦的肚子裡就是不停的吞嚥羊水、尿出來、然後再繼續喝羊水，形成一個穩定的循環，沒有空氣怎麼可能會打嗝呢？因為遇到這種規則不斷的神經反射動作，有些孕婦會緊張是不是胎兒抽筋了，所以部分醫師為了想避免妳過度緊張，會用這是在打嗝來說明，讓妳清楚明瞭這是正常情況，其實這是胎兒的神經反射動作，並不是真正的打嗝。

　　先別急著想衝到診間罵醫生為什麼要騙妳，我們也是逼不得已的啊！每天都有孕婦緊張兮兮地問胎兒是不是抽筋，如果我們還很認真嚴肅地說「這是神經反射的動作」，孕婦可能會一臉問號又繼續追問下去，或者感受不到胎兒的動作時，又開始疑神疑鬼胎兒為什麼不動？是不是神經出了什麼問題？衍生出一連串緊張擔心焦慮。

　　我要強調，胎兒神經反射造成的動作，是非常、非常正常且完全沒有疑慮的現象，所以有些醫師才會用「打嗝」這個很平常又安全的詞解答妳，就是為了讓妳別想東想西，影響了心情，妳看，當醫師的也是很為難啊！

妳可能會問，可是胎兒動得好厲害，真的沒問題嗎？再一次強調，動得多沒問題，只有動得少時才要注意。其實就跟養寵物一樣，家裡的貓狗一旦變得懶洋洋的，可能就是身體不舒服。同樣地，如果胎兒胎動少、超音波顯示羊水也變少了，很可能是胎盤功能有問題，需要多注意。

　　至於胎兒太活潑，有時動到讓孕婦很不舒服怎麼辦？在此有個專業建議，就是把妳自己打昏，畢竟沒辦法打昏胎兒啊！欸！應該看得出來這是開玩笑吧，不是真的要妳叫隊友（老公）把自己打昏啊，我知道孕婦某些時刻真的腦袋打結轉不過來，但請至少簡單分辨一下是非好嗎？不要網路上、媽媽群組內任何的建議都照單全收。

　　好啦，認真說，胎兒愛動，妳就多擔待點，換個方面想，這是他刷存在感的方式，妳也會比較安心不是嗎？既然如此，就放寬心，跟胎兒和平共處，好好感受胎動，開開心心度過孕期吧！

17 | 胎兒的聽覺、觸覺和視覺

焦慮婦Ａ：「醫生，我28週了，孩子聽得到我講話嗎？」

淡定林：「有聽力，但聽不到妳講話。」

焦慮婦Ａ：：「蛤！可是我昨天跟他講話他一直動耶！害我高興了好久。」

淡定林：「妳跟老公講話，他也是一直動還會頂嘴，怎麼沒看到妳很高興？」

焦慮婦Ａ：「……」

焦慮婦Ｂ：「醫生，我老公在家超愛講黃色笑話，寶寶聽了會不會不好？」

淡定林：「不會啊，哪有差。」

焦慮婦Ｂ：「那我需不需要找有氣質的胎教音樂讓寶寶淨化心靈？」

淡定林：「妳淨化自己的心靈就好，寶寶根本聽不到啦！」

▶ 思宏的 OS ◀

在肚子裡的胎兒，基本上是看不見也聽不到聲音的，孕婦保持愉快的心情和幽默感，對胎兒來說就是最棒的胎教。

懷孕22-24週時，胎兒的聽覺會開始發展，直到出生時發展完整，但基本上他在肚子裡是聽不到任何聲音的。道理很簡單，妳回想一下游泳時，聽得到岸邊的人在說什麼嗎？胎兒隔著羊水、妳厚厚的皮下脂肪還有肚皮，當然更不可能聽到外面的聲響囉！

有人會說，蛤！真的嗎，可是每次孩子的爸爸對著肚子講話，胎兒好像都會很開心耶！其實啊，真正開心的人是孕婦，因為孩子的爸這樣做，會讓孕婦覺得他很愛小孩，孕婦開心了，胎兒可能就跟著開心起來，不是因為他真的聽到爸爸說話。

至於需不需要聽胎教音樂？哪種胎教音樂對胎兒才好？我必須老實說，胎兒根本聽不到任何聲音，只要孕婦聽得開心，能將快樂的情緒感染給孩子，就是好的胎教音樂。

視覺方面，胎兒的感光細胞則是在34-35週才對光有反應，要到出生後4個月甚至1歲後才會發展完全，所以當胎兒出生時，其實是個大近視，眼前一切看起來都是黑白加上打了一堆碼賽克。

特別提醒，由於子宮內沒有光，幫剛出生的新生兒拍照時，盡量避免用閃光燈，因為光線雖然不會造成任何不良影響，但閃燈卻是一種過度刺激，對胎兒的眼睛是可能會有影響的。

既然胎兒在肚子裡聽不到也看不見，那到底要怎麼樣他才有感覺？當然就是觸覺。觸覺是胎兒在肚子內發育得很早的一環，大概12-15週起就開始發展，有時羊膜穿刺時，當穿刺針刺進去，甚至可以看到胎兒伸手去抓，這就是他已經開始有本體感覺意識的現象。

所以如果想跟肚子裡的胎兒互動，用最直接的方式，摸摸妳的肚子、或者是搖搖肚子，好好感受他在妳肚子裡的律動，胎兒一定會有感覺的。

　　說到這裡，有些人應該想問，產檢時能否確認胎兒的視力及聽力有無異狀。坦白說，產檢中的某些項目當然可以檢查一些與聽覺相關的基因，胎兒出生後也可進行聽力篩檢，但老實說，完全喪失聽力的情況非常罕見，所以我們也不會在產前進行太多關於聽力的檢查，避免不必要的終止妊娠。同樣的，可以藉由超音波檢查看出胎兒有沒有先天性白內障，卻無法看出胎兒視力是否正常，這的確是目前產檢還做不到的事情。

　　但無論如何，我還是希望孕婦們不要過度擔心，只要懷孕期間攝取均衡的營養，胎兒的各方面的發展基本上都不會有問題，保持愉快的心情和幽默感，對胎兒來說就是最棒的發育環境。

18 | 輻射、電磁波不要來

牙痛婦:「醫生,我牙齒好痛,可以看牙照X光嗎?」

淡定林:「可以啊,照個50,000張都沒問題。」

牙痛婦:「真的假的?那我忍痛忍這麼久是為了什麼⋯?」

▶ 思宏的OS ◀

孕期中只有電腦斷層以及消化道攝影要盡量避免,其他生活上可能接觸到的輻射或電磁波,都不需要太過擔心喔。

「醫生，微波爐會不會對寶寶有影響？」

「吹風機會不會影響胎兒？」

「照X光會不會導致寶寶畸形？」

懷孕就是這樣，很多原本是生活中再普通不過的動作或經常會做的事情，都會突然變成毒蛇猛獸，好像很容易傷害到胎兒，其實大家真的太過擔心了，難道為了保護胎兒，以後都不吹頭髮嗎？這樣的作法容易感冒，真的本末倒置，反而對孕婦跟胎兒都更不好！

其實，懷孕期間一定要盡量避免的就是「電腦斷層掃描」和「消化道攝影」，其他諸如照X光、在機場過安檢門等等都沒問題，至於生活中的手機、電腦、微波爐、吹風機當然更不需要特別擔心囉。

實證醫學已經有文獻指出，孕期中接受的各種X光檢查，只要輻射劑量在5雷得（rad）以下就沒有問題，舉例來說，拍一張牙齒X光的輻射劑量為0.0001雷得，一張胸部X光的輻射劑量則為0.00007雷得，按照安全範圍標準來看，妳可以拍上千張都沒問題啊！所以何必牙痛到睡不著還硬撐不敢去看醫生、照X光或治療呢？

由此可知，照X光的劑量都這麼低了，更別說手機、電腦、微波爐等生活用品，真的不會對胎兒造成特殊危害，畢竟現代生活就是如此，除非妳下定決心當個原始人，否則真的很難完全避免接觸到輻射或電磁波。

告訴孕婦這個數據的用意，不是要大家卯起來照X光，現實生活應該也沒人這麼瘋吧，只是想讓孕婦們不要那麼焦慮，妳可以盡量避免接觸不必要的輻射或電磁波，但如果身體不舒服，需

要接受一些檢測時，也請不要硬撐、忍到生產後，因為這樣做的意義真的不大，也會讓妳的孕期過得更辛苦。請再次想想那句話：放輕鬆一點，妳的孕期會更快樂。

常見各項X光檢查雷得（rad）數及孕婦可照張數

檢查部位	雷得數（rad）	安全範圍（5 rad）內可照張數
頭蓋骨（skull）	0.004	1,250
胸腔（chest）	0.00007	71,429
乳房（mammogram）	0.020	250
骨盆（pelvis）	0.040	125
臀部（hip）	0.213	23
牙齒（dental）	0.0001	50,000
頸椎（cervical spine）	0.002	2,500
四肢（upper or lower extremity）	0.001	5,000
腰椎（lumbosacral spine）	0.359	13
尿道顯影（intravenous pyelogram）	1.398	3

資料來源：http://www.aafp.org/afp/1999/0401/p1813.html

19

別小看情緒和壓力
對胎兒的影響

診間對話

哀怨夫：「醫生，我老婆最近好容易暴怒，怎麼辦？」

淡定林：「懷孕身體常常不舒服，當然會很暴躁，你只能多體諒囉。」

哀怨夫：「唉，我都不知道自己做錯什麼，老是被罵。」

淡定林：「你讓她懷了孕，這還不夠錯嗎？」

▶ **思宏的 OS** ◀

懷孕時的身心狀況同等重要，如果時常感到壓力大、處於壞情緒或是暴怒狀態，可能會影響到胎兒！雖然要求孕婦「不要擔心」是很難的事，但妳一定要相信孕期開開心心，胎兒會更健康！

為什麼我一直強調孕婦要開心、要保持幽默感，為什麼情緒很重要？

　　因為懷孕前，嚴重的情緒問題就可能會造成不排卵、長痘痘、生理期大亂、暴飲暴食兼暴肥等身體改變，懷孕中的妳，又怎麼能輕忽情緒的影響？再說，現在已經有研究證實，孕婦的情緒會影響胎盤功能，如果長期處於情緒不佳的狀態，會使血流變差，影響血液循環，導致胎兒長不大，而且快樂的媽媽才能傳遞歡樂的內啡肽（endorphin），讓胎兒也能感受到媽媽的好心情，所以妳說孕婦的情緒重不重要？

　　大家都說懷孕是喜事，但很多孕婦其實不快樂，例如：懷孕初期害喜吐得亂七八糟，卻因為還沒滿3個月要拚命掩飾；好不容易到了中期，可以告訴親朋好友了，可是路人不一定知道妳懷孕，還硬不讓座；雖然害喜趨緩，卻有更多狀況，像是體溫變高讓蚊子都叮妳，還會嚴重便秘、腰痠背痛、產生妊娠紋、體重增加、全身水腫、腰圍變粗、皮膚暗沉；心理方面，會被路人、親人關心這限制那，也會擔心孩子不健康、生出來好不好帶，要是照超音波時醫師又慢了3秒才開口，或在產檢時說妳太胖，更會讓妳情緒崩潰。

　　尤其現在很多人是懷孕後才準備宴客，要試喜餅、找場地、搞定雙方父母、禮服要能藏肚，還要擔心賓客包一千二卻全家六口到齊……，於是爆點變超低，旁人隨口一句話就足以讓妳情緒失控。

　　這些我都了解，懷孕期間身體上的變化，加上心理壓力，讓孕婦身心都背負著沈重的負擔，沒有人可以代替妳承受這些痛

苦，既然現實改變不了，就試著改變自己的想法，並將壓力源一個個排除吧，找回快樂的生活。

比如說，同樣是胎兒在肚子裡動得很厲害，有的人會覺得胎兒好健康，有人卻擔心胎兒是不是在掙扎。同樣一件事，妳選擇用什麼方式看待，就會帶來不同的心情；旁人的過度關心很煩，既然無法叫別人閉嘴，那就學「正妹三寶：嗯嗯呵呵去洗澡」呼攏過去，不要太在乎，不要把所有事情看得太嚴重，不中聽的垃圾話左耳進右耳出，別往心裡去，並且相信醫生，也要相信胎兒一定很健康平安。

而身邊的人，想避免造成孕婦不必要的壓力，除了別用尖銳、命令式的口吻，同時也不要用威脅及恐嚇的方式表達「關心」。隊友當然也非常重要（趕快把書遞給老公，我要幫妳謀福利了），諸位準爸爸，老婆懷孕你們壓力可能也不小，但一定要多體諒她，陪她一起化解外界壓力，不要懷了孕夫妻倆反而漸行漸遠。最重要、也最中肯的一點良心建議，錢能解決的都不是問題，老婆想買包，買！老婆想吃好料，吃！世界上有分期付款這種東西，牙一咬換你幾天風平浪靜，老婆又開心，胎兒也快樂，怎麼想都划算啊！

最後建議所有的孕婦，即使不用工作上班，也要常常出門走走曬曬太陽，「照光治療」本來就是治療憂鬱症的方式之一，對妳的心情也會有幫助，再說一直窩在家裡本來就容易悶出病。懷孕的確很辛苦，哭點、怒點都會變低，其實笑點也會變低，換個角度想，妳一輩子可能頂多只有2、3次這種機會，何不試著享受這些變化，保持愉快心情和幽默感看待眼前發生的一切，與各

種狀況和平共處，好好珍惜這懷胎的40週呢？也許本來讓妳覺得痛苦的孕期，會逐漸變得多采多姿起來。

檢測妳的憂鬱指數

很多人會阻止孕婦吃這吃那，卻很少人關心心理層面，因此，產前憂鬱的發生率及嚴重性通常被大大的低估，許多孕婦常常已經接近產前憂鬱症卻還不自覺。憂鬱除了在孕期對胎兒會有影響，也會對媽媽造成長期的影響，因此希望大家可以多重視這個問題。尤其懷孕期間能使用的抗憂鬱藥物不多，而且孕婦也未必願意用藥，所以一定要好好觀察自己的情緒，如果真的常常覺得心情低落，可以試著利用台灣憂鬱症量表檢測，一旦分數超過15分，請趕緊就醫，或者至少告訴另一半妳非常不快樂、尋求幫助，千萬不要拚命壓抑喔。

請您根據身體與情緒的真正感覺，於右表每個項目中勾選最符合的一項！（請打勾）

台灣人憂鬱症量表

項目	沒有或極少 (1天以下)	有時候 (1-2天)	時常 (3-4天)	常常或總是 (5-7天)
1.我常常覺得想哭				
2.我覺得心情不好				
3.我覺得比以前容易發脾氣				
4.我睡不好				
5.我覺得不想吃東西				
6.我覺得胸口悶悶的 （心肝頭或胸坎綁綁）				
7.我覺得不輕鬆、不舒服 （不爽快）				
8.我覺得身體疲勞虛弱、無力 （身體很虛、沒力氣、元氣及體力）				
9.我覺得很煩				
10.我覺得記憶力不好				
11.我覺得做事時無法專心				
12.我覺得想事情或做事時，比平常 要緩慢				
13.我覺得比以前較沒信心				
14.我覺得比較會往壞處想				
15.我覺得想不開、甚至想死				
16.我覺得對什麼事都失去興趣				
17.我覺得身體不舒服 （如頭痛、頭暈、心悸或肚子不舒 服等）				
18.我覺得自己很沒用				

資料來源：財團法人董事基金會

請您根據上表勾選的選項對照以下分數，並加總後查看解析。

計分──

0分　　沒有或極少(1天以下)

1分　　有時候(1-2天)

2分　　時常(3-4天)

3分　　常常或總是(5-7天)

解析──

1｜憂鬱指數在8分之下

真令人羨慕！你目前的情緒狀態很穩定，是個懂得適時調整情緒及紓解壓力的人，繼續保持下去。

2｜憂鬱指數在9分到14分

最近的情緒是否起伏不定？或是有些事情在困擾著你？給自己多點關心，多注意情緒的變化，試著了解心情變化的緣由，做適時的處理，比較不會陷入憂鬱情緒。

3｜憂鬱指數在15分到18分

你是不是想笑又笑不出來，有許多事壓在心上，肩上總覺得很沉重？你的壓力負荷量已到臨界點，千萬別再「撐」了！趕快找個有相同經驗的朋友聊聊，給心情找個出口，把肩上的重擔放下，這樣才不會陷入憂鬱症的漩渦！

4｜憂鬱指數在19分到28分

現在的你必定感到相當不順心，無法展露笑容，一肚子苦惱及煩悶，連朋友也不知道如何幫你，趕緊找專業機構或醫療單位協助，透過專業機構的協助，必可重拾笑容！

5｜憂鬱指數在29分以上

你是不是感到相當的不舒服，會不由自主的沮喪、難過，無法掙脫？因為你的心已「感冒」，心病需要心藥醫，趕緊到醫院找專業及可信賴的醫生檢查，透過他們的診療與治療，你將不再覺得孤單、無助！

CHAPTER

2

孕婦哪有那麼多禁忌

01 寫在前面，
關於禁忌妳應該知道的是……

焦慮婦Ａ：「醫生，我媽說不能拿剪刀剪東西，否則寶寶會兔唇！」

焦慮婦Ｂ：「醫生，我媽說在牆上釘釘子，胎兒手指會少一根！」

焦慮婦Ｃ：「醫生，我媽說懷孕手不能舉高，不然會流產！」

淡定林：「帶妳媽來！我用超音波證明她的金孫沒有缺手指、沒有兔唇，也沒有流產！」

▶ 思宏的 OS ◀

長輩某部分智慧可以學習，但千萬別照單全收，生在變革時代的我們，更要努力破解不必要的迷信！

當婦產科醫生這麼久，聽過很多針對孕婦懷孕期間，想像力無上限的禁忌傳說，包括：不能縫補孕婦的衣物，否則會把胎兒的眼睛嘴巴縫起來（難道這就是失傳已久的無敵穿牆術？）；不能吃醬油，否則胎兒會變黑（所以如果妮可基嫚懷孕時吃很多醬油，就能生出黑人胎兒？）；懷孕時家裡不能油漆，否則胎兒出生臉上會有胎記（那包公的媽媽懷他時發生了什麼事嗎？）……諸如此類毫無根據的禁忌謠言。在大笑之餘，我們不妨也想想為什麼上一代會有這麼多荒謬的想法。

其實，現在大家習以為常的超音波檢查，是在1980年代才開始出現的新玩意，在2000年之後也才有影像更清晰，甚至3D、4D的超音波技術，也就是說，我們正處於產檢技術新舊交接與劇烈變革的時代。

因此，對我們的上一輩而言，當時產檢根本沒有超音波，只能靠醫生徒手觸摸，是男是女、外觀有沒有異常，都必須等到生下來才知道。所以生下來的孩子如果有問題，多數人就會往前追溯是否孕婦在孕期間做了什麼、吃了什麼才讓孩子出現異常，例如理髮師如果生下兔唇的孩子，便會被猜測認為是一天到晚拿剪刀才導致胎兒出現問題，久而久之，這些結論便流傳下來，成為現在看來毫無科學根據的禁忌。

現在胎兒在肚子裡的狀況，新式產檢的超音波一掃就一目了然，看得見嘴唇、看得見手腳，妳當然會知道拿剪刀、釘釘子根本不會影響胎兒，但當我們想對長輩諄諄提醒，甚至不小心翻白眼時，卻常常忘了一件事：「我們的理所當然，在以前可是天方夜譚。」

科技的進步，讓我們與上一輩有巨大的認知差異，但試著去理解這些禁忌的由來，妳就會知道，並不是老一輩的人太無知，很多時候是因為時空環境的不同，養成了天差地別的觀念。

　　歷史有其軌跡可循，古人的智慧當然可以尊敬、可以參考，但不是毫無判斷能力的照單全收，讓我們一起溝通、了解，然後破除不必要的迷信，也許，身處不同時代的我們之間就不會有這麼多的認知差異，也不必再糾結於奇奇怪怪的限制與禁忌了。

02 到底什麼不能吃？
什麼吃了會流產？

 診間對話

緊張婦A：「醫生，我可不可以吃芒果青？」

淡定林：「可以呀，為什麼不行？」

緊張婦A：「他不是生的嗎？」

淡定林：「？？？？？？芒果有煮熟的嗎？」

緊張婦A：「啊……沒事了……」

焦慮婦B：「林醫師，什麼不能吃？」

林醫師：「桌子椅子不能吃。」

焦慮婦B：「那冰可不可以吃？」（完全不理我講笑話繼續問）

林醫師：「冰可以，檳榔不行！！」

焦慮婦B：「冰榔？是什麼？我怎麼沒聽過有這種冰？」

林醫師：「……」

憂慮婦C：「醫生，吃冰會不會對小孩氣管不好？」

淡定林：「那妳喝湯怎麼不怕孩子燙到？」

憂慮婦C：「喝湯又不會到羊水裡……」

淡定林：「那吃冰會到他氣管裡嗎……？」

▶ 思宏的OS ◀

我是不是很會比喻？其實懷孕真的什麼都可以吃，不要把自己逼到絕境搞到要瘋了啦！

「懷孕期間有什麼不能吃？」、「吃XXX會不會流產？」大概可名列我診間裡的孕婦疑問排行榜最常出現的前三名，我想鄭重告訴大家那句老話，懷孕前有在吃的，懷孕後都可以繼續吃，懷孕不是生病，除了菸、酒，其他食物只要不過量，什麼東西都可以吃！

　　懷孕是人生大事，但請莫急莫慌莫害怕，別吃到生冷食物就擔心會滑胎，因為不管什麼食物，妳吃的量離「過量」標準絕對還很遠，例如訪間有傳聞吃薏仁會流產，妳可知道要吃到流產，可能需要吃掉一卡車的量嗎？

　　而且根據我們由孕婦流產後的流產物——壞掉的胚胎中取出樣本進行篩檢，有一半以上流產的原因是因為胚胎染色體異常，流產是自然淘汰，跟妳吃了什麼、做了什麼真的沒有太大關係。所以啦，說什麼吃薏仁、木瓜會流產，都是無稽之談，就放心地吃吧，不要吃太多就好。

　　唯一注意的飲食禁忌就是酒，現在已有研究證實，酒精會影響胎兒全面的發展，因為有的人千杯不醉，有的人一杯就醉，我們不知道妳的孩子是前者還是後者，沒有辦法有一個酒精濃度的安全劑量，況且酒喝多了妳也容易胖，建議孕期能免則免。我想應該也沒人會白目到對一個孕婦勸酒，大多應該是孕婦很想把自己灌醉吧。

　　其實孕期中最煩的是旁人也會對妳的飲食有意見，連去買杯咖啡，店員都還勸妳三思，要解決這個狀況，最重要的是跟妳的隊友（老公）要站在同一陣線，而老公們與其和孕婦爭論吃冰到底會不會對孩子氣管有影響，不如先想想抽菸對自己、老婆、孩

子的影響吧！其他人好意要孕婦吃什麼，就意思意思吃一下；好心提醒別吃什麼，就聽聽微笑就好。真的想吃生魚片，偷偷去吃吧，不要拍照打卡昭告天下，就不會有人跑來留言說對胎兒不好了。

簡單來說，抱持著「互相」的觀念，有時不一定要固執己見，保持愉快的心情可比小心翼翼忌口來得重要多了。

破除迷信！魚油可以吃到生

「懷孕34週後要停止食用DHA避免大出血」是讓我相當火大的網路謠言，看到這個謠言，我拳頭都硬了，讓我來好好解釋一下。事實上，DHA已經證實對胎兒腦部發育有幫助，懷孕初期便可開始補充，而多數人會吃魚油攝取。

魚油內除了DHA還有EPA這個成份，EPA具有些微抗凝血作用，就是因為這樣，才會有人以訛傳訛，說懷孕後期若攝取會造成出血、流產。其實攝取魚油、DHA不僅不會造成出血，還應該整個孕期都多加補充，甚至懷孕後期還得加量，並且持續到哺乳時期，千萬別謠言誤導了！

03 孕期可以吃甜食嗎？
妊娠糖尿會不會影響胎兒健康？

林醫師：「妊娠糖尿病檢測結果出來囉。」

孕婦A：「YA！我通過了，今晚兒可以大吃狂吃慶祝一下了！」

孕婦B：「糟糕，我沒通過，我兒一定有異常，世界末日到了。」（悲）

孕婦C：「我沒通過會怎麼樣？是不是什麼都不能吃了！？」

林醫師：「……」

▶思宏的 OS ◀

若有妊娠糖尿病，孕婦更應該注意的是自己，而不僅僅是胎兒。

懷孕的飲食守則非常簡單，大家可以參考第一章第四篇（P.33），所以當然是可以吃甜食的囉，只要不過量，基本上對胎兒不會有太大影響。

而眾多媽媽聞之色變的妊娠糖尿檢測，說實話，其實喝糖水沒通過一點關係也沒有（若數值差太多，另當別論，表示妳是糖尿病，而非妊娠糖尿病了），因為就算沒通過檢測，通常不會危害胎兒健康。我是指妊娠糖尿病跟胎兒結構異常完全無關，只有可能胎兒會比較大，剖腹產率會些許增加，或是胎兒可能出生血糖比較低，如此而已。

妊娠糖尿是指孕婦本來沒有糖尿病，但因為懷孕造成血糖上升，誘發了糖尿病體質，通常發生在懷孕中期，但這不會對胚胎造成影響，所以只要持續追蹤胎兒大小及羊水量，基本上不用擔心。

不過，有妊娠糖尿症狀的孕婦其實更要注意的是自己的身體，尤其是生產後的下半輩子，因為這代表妳的胰島素阻抗較高，對於血糖的控制較差，將來比較容易有機會形成糖尿病，懷孕則是把妳身體這項不健康的警訊誘發出來，所以建議為了自己的健康，妳應該要多運動，減少澱粉類的攝取，並且每年進行健康檢查，多留意自身血糖狀況。這些注意事項即使產後也應該一直持續下去，而不是只有在懷孕的期間喔。

O4 懷孕吃蝦蟹、吃冰
容易生出過敏兒？

緊張婦：「我媽說吃冰會讓寶寶氣管不好，容易氣喘，是真的嗎？」

淡定蔡：「妳冰吃下去消化後只是水，不會讓寶寶過敏啊。」

緊張婦：「那可以吃海鮮嗎？會讓寶寶過敏嗎？」

淡定蔡：「只要妳本身對海鮮不會過敏就沒差。」

緊張婦：「其實我吃海鮮會過敏耶，怎麼辦？」

淡定蔡：「……那當然不要吃啊！」

▶昌霖的 OS ◀

孩子未來是不是過敏兒，在受精的那一刻就已經決定了，跟孕婦的飲食生活習慣沒有太大關係。

現在過敏兒越來越多，孕婦也都很擔心吃了哪些東西，會不會提高生出過敏兒的機率。然而我必須殘酷地說，過敏與基因及遺傳有強烈相關性，父母一方若有過敏體質，胎兒遺傳過敏的機率便會提高，簡單來說，胎兒是否帶有過敏基因，在受精卵受精的那一刻就已經決定了。

　　所以，醫師建議孕期避開孕婦本身會過敏的食物，是為了避免妳不舒服，而不是預防胎兒過敏，畢竟目前沒有科學證據顯示孕期中的飲食會造成胎兒的過敏。所以，只要是不會造成妳本身過敏的食物，孕期還是可以放心吃，不會影響胎兒。

　　當然我也碰過很多孕婦詢問，服用益生菌能不能預防胎兒過敏，其實西醫文獻對於益生菌的作用尚未有定論，也還沒證實單靠益生菌就能夠有效預防胎兒產生異位性皮膚炎、過敏性鼻炎、氣喘等過敏症狀。但如果孕婦還是想藉由益生菌改善自身體質，建議一定要先諮詢醫師，了解最新研究的狀況、有沒有新菌種開發，以及是否真的對身體有益再服用。

　　現階段看來，過敏真的是一件防不勝防的事，畢竟基因不是妳少吃兩隻蝦、多吞兩瓶益生菌就能改變的。看到這裡孕婦也先不要太絕望，認為不管怎麼努力，妳的孩子可能還是得一輩子與過敏症狀奮戰，因為除了本身的體質基因之外，出生後是否遭受過敏原刺激，也是過敏會不會發病的主因。

　　也就是說，如果妳本身已是過敏患者，應該就先做好胎兒也可能是過敏體質的心理準備，最重要的是，與其孕期擔心吃這吃那可能導致胎兒過敏，不如花點時間規劃家中環境，例如避免使用太多地毯、窗簾等容易堆積塵蟎的家具，也不要買一堆絨毛娃

娃堆在嬰兒床旁邊等等，藉由環境改善、生活照顧等方式，減少孩子出生後受過敏原刺激的風險。

　　雖說預防勝於治療，但對於無法預防的狀況，我們能做的就是提早了解，才能對症下藥。慧智基因與禾馨皮膚科共同合作開發出「過敏基因檢測」，可經由棉棒採檢、取得新生兒口腔黏膜細胞後，於基因實驗室中進行基因分析。如果新生兒被驗出帶有高風險過敏基因點位，皮膚科醫師便會針對狀況跟家長進行衛教、教導家長如何用有效的方式照顧，進而降低50%以上的發病風險。

　　如果新生兒來不及在出生時接受採檢，出生後也可隨時到門診採檢，同樣有機會達到「及早發現、及早預防、降低風險」的效果。

（本文由禾馨醫療孕婦小兒皮膚特別門診負責醫師蔡昌霖協助說明提供）

05 | 孕婦不應該運動？

緊張婦：「醫生，懷孕之後可以運動嗎？」

淡定林：「可以啊！什麼運動都好，游泳、快走、孕婦瑜珈、踩腳踏車、騎飛輪都可以。」（門診整句念過不下幾千次）

緊張婦：「那可以重訓嗎？會不會流產？」

淡定林：「如果重訓後導致出血流產，那並不是重訓的錯……」

緊張婦：「啊？真假？那像游泳不會感染嗎？」

淡定林：「懷孕跟沒懷孕長得有不一樣嗎？怎麼沒懷孕不怕感染，一懷孕就窮緊張！」

緊張婦：「對耶！」

▶ 思宏的 OS ◀

運動會早產這句話觀念落伍、大錯特錯，請相信實證醫學，不要相信胡說八道的豬網友，每天進行中等強度的運動半小時，絕對適合大多數無特殊狀況的孕婦。

現在運動風潮越來越盛行，網路上也能看到很多孕婦運動的照片，這是一件好事。但另一方面又有人擔心運動會導致早產，我必須強調，運動可能會引起子宮假性收縮，但絕對不會導致早產，請不要相信毫無根據的網路謠言。

事實上，孕期適量的運動不僅對孕婦好，對胎兒也有好處，現在已有研究指出，孕期運動已被證實可以降低巨嬰、妊娠糖尿病、子癇前症、下背痛、尿失禁的機率，簡單來說，運動已經成為孕期保健不可或缺的部分。

如果孕前沒有運動習慣，建議懷孕後也最好進行適量運動。我相信，孕婦一旦知道運動對胎兒有好處，即使再怎麼想當沙發上的馬鈴薯，還是會堅強起身換上運動服。

基本上，除了醫師診斷需要臥床安胎的案例，大多數無特殊狀況的孕婦，最好一週運動3-5次，一次半小時以上。游泳、快走、騎飛輪等下半身運動能夠促進循環，做些伸展運動能夠改善抽筋狀況，或者孕婦瑜珈等核心肌群鍛鍊也都是非常適合孕婦的運動。

而孕婦運動的第一原則就是量力而為，循序漸進，別讓運動成為一件壓力很大的苦差事。此外，最好避免跳上跳下的運動，或者是「熱」瑜珈，這是因為由於「熱瑜珈」是長時間在高溫空間中進行，孕婦若是長期處在高溫的環境中，容易水分喪失，造成短暫的血管內血流量下降，可能會對胎兒產生影響。

有人會問，懷孕未滿3個月，胚胎還不穩定，此時運動會不會容易導致流產？其實應該說，即使妳從事強度較高的運動，只要是正常健康的胚胎，他依舊可以好好長大。但有時我們很難

很主觀的判定3個月內的胚胎是否健康，所以如果運動後出血流產，那代表胚胎可能不健康導致自然淘汰，而不是運動的錯，當然若有出血的症狀還是建議妳盡快就醫檢查。

現在的孕婦其實多數有運動的概念，反而是隊友（老公）或家人不支持，我的建議是讓他們跟著妳一起來產檢，了解運動對於無特殊狀況孕婦的好處。這樣一來，妳也能運動得快樂又沒心理負擔，更重要的是，妳還能藉走路運動之名，行大肆逛街之實，保證隊友絕對不敢囉唆！

06 半蹲和搬重物容易流產？

診間對話

緊張婦：「醫生，我工作有時都需要搬重物，會不會容易流產？」

淡定林：「不會啊，沒差。」

緊張婦：「喔，但我還是不太想搬耶。」

淡定林：「好，那妳就說醫生交代不能搬重物。」

緊張婦＆淡定林：「……」（露出會心微笑）

▶ 思宏的 OS ◀

有些禁忌的確很煩人，但換個方向思考，妳反而能利用這些禁忌過得更開心！

懷孕禁忌百百款，網路謠言滿天飛，相信各位孕婦一定聽過這種恐嚇：「半蹲、搬重物會容易流產！」搞得大家人心惶惶，逼不得已提個東西就疑神疑鬼，擔心對胎兒造成傷害。

　　懷孕到底能不能半蹲、搬重物？我的答案是：「沒有不舒服，什麼都可以！」有一些研究會以數據教妳不要搬超過幾公斤的東西、超過多久時間，老實說，我們大腦記憶空間有限，怎麼有辦法牢牢記得那些數據？況且怎麼可能隨時隨地有磅秤，讓妳確認手上拿的是不是能夠負荷的重量？

　　比起數據，妳的身體感覺才是最真實、最準確的，所以我才說，只要沒有不舒服的感覺，妳要半蹲或搬重物都沒問題。

　　孕婦半蹲時，會明顯感覺到肚子有下墜感，加上以前的人認為肚子用力容易早產，所以需要腹部出力的半蹲和搬重物等動作都要避免，但現在妳知道早產與否跟肚子用力根本無關，妳可以在心裡對這些禁忌嗤之以鼻，不過某些時刻，這些禁忌其實還滿好用的。

　　懷孕本來就容易累，如果真的不想勞動，這時候趕快理直氣壯地說：「醫生交代我不能搬重物！」、「聽說孕婦搬重物容易流產」，大家對於禁忌通常都還是抱著「寧可信其有、不可信其無」的想法，否則，為什麼到了現代，還是一堆人願意相信沒有根據的網路文章呢？

　　禁忌的存在有其道理，換個角度想，很多禁忌的原意也只是希望讓孕婦多休息。我明白懷個胎要被這些禁忌綁著很煩，但也沒必要與好意提醒妳的人起衝突，夠聰明的話，不妨利用這些禁忌讓自己好過點。只要妳心知肚明做了哪些事並不會造成影響，古老的禁忌也可能適時幫妳一把哦！

07 | 孕婦不可以拔牙？
       牙痛怎麼辦？

耐痛婦：「醫生，我牙齒痛兩個禮拜了，你可以開止痛藥
給我嗎？」

淡定林：「妳怎麼不直接去看牙醫？」

耐痛婦：「我聽說孕婦不能拔牙、也不能根管治療，不敢
去啊！」

淡定林：「所以妳是打算忍到生完再去嗎？妳才20週
耶！」

▶ **思宏的 OS** ◀

所有牙科治療都對孕婦沒有不良影響，而且孕婦其
實更該定期看牙醫、安排洗牙，注意牙齒的保健，
減少牙周病、牙齦炎的發生機率。

孕婦牙齒健不健康會影響母體環境，不健康的牙齒易造成胎兒早產、體重過輕等現象。為了確保媽媽在懷孕期間的牙齒健康，健保局自2016年5月1日起，將婦女孕期的免費洗牙次數，從1次提高到3次。

　　妳知道這代表什麼嗎？這代表孕婦是可以看牙醫和洗牙的。其實，懷孕期間因為荷爾蒙且飲食習慣的改變，容易導致孕婦口腔環境變化，增加齲齒或牙齦炎發病的機率，更應該定期到牙科診所檢查牙齒狀況。現在，還有部分醫學研究指出，早產與否跟孕婦的牙齒健康息息相關，因為牙齒是頭部的循環系統，離心臟很近，如果有嚴重的牙周病或牙齒感染，細菌容易藉著血液流回心臟，形成心內膜炎，可能導致胎兒早產、體重過輕。

　　此外，由於懷孕時會導致黏膜水腫，使得牙齦很容易出血，有些孕婦更不敢刷牙，如果口腔狀況本來就沒有想像中健康，潛藏著牙周病風險，一旦疏忽清潔，症狀就可能會在孕期間越來越糟。

　　事實上，看牙並不會對胎兒有影響，但不看牙才會。所以我才更要強調，孕婦絕對可以洗牙、拔牙，進行相關牙科治療，包括照X光等等，都不必擔心對胎兒造成影響。

　　有些孕婦可能會說，但是某些牙醫並不一定肯治療孕婦耶，難道不是因為有潛在風險嗎？其實，這跟台灣的醫療環境有關，說得直接點，拔孕婦的牙和一般人並沒有什麼不同，也不會增加收費，但難保孕婦在治療之後，如果出現任何狀況，會不會馬上聯想到是看牙引起的。這種莫須有罪名的風險和糾紛，沒人想承擔，所以才造成有些牙醫會擔心替孕婦正常看牙，甚至得簽相關

同意書才願意為孕婦治療。

　　另一方面，隔行如隔山，牙醫也不可能百分之百了解婦產科相關知識，所以未必確定孕婦看牙究竟有沒有風險，種種因素之下，牙醫會認為乾脆開普拿疼最安全，久而久之，看牙就逐漸成為孕婦的禁忌之一。

　　我想，比起無稽之談與網路謠言，妳該相信的是有證據的科學，而且更應該在孕期好好照顧自己的口腔和牙齒，如果某間牙醫只肯開止痛藥，那就麻煩孕婦們多跑幾間，務必和醫生好好溝通，做好牙齒照護保健。牙齒真的痛起來，也不要忍耐，趕緊就醫吧！

08　懷孕期間可以有性行為嗎？要戴保險套嗎？

害羞婦：「醫生，我跟老公還可以那個那個嗎？」

淡定林：「可以啊。不只可以那個那個，還可以這著這個！」

害羞婦：「呃……那有限制哪些姿勢嗎？」

淡定林：「都可以啊，不要太壓迫到腹部就好。」

害羞婦：「但是，我怕會戳到肚子裡的寶寶耶！」

淡定林：「……妳太高估妳老公了吧！」

▶思宏的 OS ◀

關於懷孕這件事，除了心情不一樣，其他事情都可以一樣，所以原有的那個這個性生活當然都能夠繼續。

我常說「懷孕不是生病」，除非孕期有出血狀況，否則孕前有的性行為，懷孕後還是可以繼續，不然一旦懷孕就要「停機」一、兩年，這不是挺折磨的嗎？至於需不需要戴保險套，則是看個人需求。因為精液中含有少量的前列腺素，容易引起子宮假性收縮，可能會讓孕婦有點不舒服，如果使用保險套就可以防止這種狀況。

孕期中的性行為，並沒有太多禁忌，只要不要過度壓迫到腹部，建議孕婦可以躺姿或趴著的姿勢進行。其實，只要不會讓孕婦感到不舒服的姿勢或動作，夫妻倆想怎麼進行都可以，當然更不用怕會戳到肚子裡的胎兒，這根本不是人類該擔心的事，更不會影響到胎兒健康。

當然也有些人覺得心理有障礙，不過說真的，性行為並不限定是兩人性器官的接觸，只要夫妻有良好的溝通，找到孕期間適合彼此的方式，當然還是可以擁有幸福美滿的性生活。

至於產後多久可以開始有性行為呢？基本上無論是自然產或剖腹產，大約4-6週後，確定惡露都已經排乾淨，夫妻倆就可以「開機」了。

雖然胎兒在孕婦的肚子裡，但懷孕其實是兩人的事，在性生活方面夫妻應該做好溝通，畢竟懷孕容易有不舒服、因為累而想好好休息的情緒，此時會更需要隊友（老公）的體諒。而孕婦也不要太緊張，可以把懷孕視為一件輕鬆的事，很多突發狀況不過是生活的小插曲，兩個人一起笑笑就過了，不需要所有事情都拿放大鏡檢視，打亂原本的生活步調。

09 懷孕後泡溫泉很危險？

執著婦：「醫生，懷孕可以泡溫泉嗎？」

淡定林：「可以啊。」

執著婦：「可是會不會很容易感染？」

淡定林：「身體構造有沒有懷孕都長一樣，只是懷孕後比較腫，當然沒有比較容易感染這件事啊。」

▶ **思宏的 OS** ◀

想泡溫泉、洗三溫暖都可以，至於會不會感染，跟有沒有懷孕是兩回事！

孕婦不是病人，能做的事情跟一般正常人都一樣，所以想做什麼都可以，包括泡溫泉、洗三溫暖。

　　記得我說過，孕婦不適合長時間待在高溫環境嗎？那為什麼泡溫泉、洗三溫暖沒問題？我想大部分人不太可能泡在熱水池中整整40-50分鐘吧，所以基本上只要注意自己的身體狀況，不要泡太久，泡溫泉、洗三溫暖是可以的。

　　很多人會說，只要稍加留意就會發現溫泉旁的警語通常會寫著，除了高血壓等心血管疾病患者外，孕婦也最好不要泡溫泉。其實這個觀念已經過時了，早在幾年前，超熱愛泡溫泉的日本就已經全面撤銷「孕婦不能泡溫泉」的警語，所以，想泡就去泡吧！

　　至於有些孕婦會擔心陰部是否容易因為泡溫泉、洗三溫暖感染？仔細想想，妳的身體構造不是跟孕前一樣嗎（頂多就是比較腫），為什麼懷孕後就會變得很容易感染？所以囉，只要妳本來就不是容易感染的體質，懷孕後也不必太擔心感染問題。

　　基本上，許多孕婦來問哪些事可不可以做、哪些東西可不可以吃，我的原則是，我會告訴她們「可以」，然後讓她們開心、放心去吃、去做；但如果她們心中還是怕怕的，吃了、做了之後又開始擔心會不會對胎兒不好，那我的建議就是不要勉強進行。畢竟，世界上能吃的東西、能做的事情那麼多，有一堆選擇等著妳，何必一定要挑個有疑慮的事情讓自己擔心？

10 | 孕婦按摩會傷到胎兒？

極端婦：「醫生，我渾身腰痠背痛，可以按摩嗎？」

淡定林：「可以啊。」

極端婦：「太好了，不然我都怕傷到寶寶，忍著不敢去按。」

淡定林：「可以讓自己舒服一點的事都能做啦。」

極端婦：「那可以讓按摩師踩背嗎？踩背超爽的！」

淡定林：「這位媽媽～做人不要這麼極端，而且妳確定有按摩師敢踩妳的背！？」

▶ **思宏的OS** ◀

孕婦本來就可以按摩舒緩身體痠痛、浮腫，如果內心還是有點怕怕的，那就去游泳或泡泡水吧！

懷孕有多累，我可以用一段話描述：孕期間整個人都得撐著一顆大肚子的重量，加上胎兒會動來動去，尤其生第二胎，肚皮根本還是鬆的，子宮更容易較往下墜。當肚子重量朝下時，壓得恥骨痛；往後時，會造成下背痛；往前也沒好到哪裡去，妊娠紋可能會很明顯，所以只要醒著，就是經常會感到腰痠背痛、下半身又水腫。

　　這種時候，許多孕婦肯定很想去馬兩節消除疲勞，當然可以按摩，只是有時按摩必須趴著，有人擔心會壓到肚子裡的胎兒，我必須說，除了用托腹帶減輕壓力，趴著或跪趴的姿勢對孕婦來說，其實是最舒服的，很多孕婦之所以喜歡做瑜伽，就是因為瑜珈有很多跪趴的姿勢，能夠減輕骨盆腔的負擔，真的不用擔心趴著會壓到胎兒，他沒有妳想像中的脆弱。

　　況且，大部分的按摩多著重於手部及頭部，或者是改善下半身的水腫及血液循環等問題，所以孕婦本來就可以按摩，只要妳別極端到非得給人按肚子、踩背就好，不過我想應該也找不到膽大包天敢替孕婦踩背的按摩師吧！

　　正因為孕婦本來就可以按摩，所以我認為也不必太迷信市面上專門的「孕婦按摩」，因為這件事「本來就沒有不行」，為什麼非得選擇收費昂貴許多的孕婦按摩不可？當然，如果妳覺得這樣比較安心，內心也比較舒坦，就選擇能最放鬆的環境為主，我完全不反對。

　　如果不希望三天兩頭就跑去找按摩師，想省點錢買尿布奶粉，我建議孕婦可以游泳，因為水能減輕肚子壓在孕婦身上的重量，真是我心目中對孕婦最棒的運動。如果不會游泳，泡泡水也

好，或是在泳池中打打水，也有助於改善下半身水腫問題，功效類似於抬腿，又兼具運動效果。要是經濟或環境許可，我真心覺得每個孕婦家裡都該有個水池，沒事就下去泡泡，清涼又可以讓身體舒服許多，是一件很值得孕婦嘗試的事情！

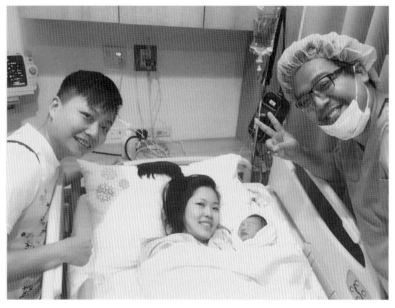

● 所有的辛苦，在見到孩子之後都值得了。　　　　　圖片提供／健峰＆雅琦

11 孕期間別養寵物了？

焦慮婦：「醫生，養寵物對寶寶會有影響嗎？」

淡定林：「不會啊，只要保持寵物和環境的清潔就好。」

焦慮婦：「因為我最近突然好想養貓，但老公不肯。」

淡定林：「懷孕前沒養就不要突然養啊，妳老公是對的！」

▶ 思宏的 OS ◀

懷孕後不要急著把家裡的寵物送走，牠們並不可怕，該注意的是寵物身上的細菌、跳蚤。

懷孕後該不該把家裡的寵物送走，是許多夫妻爭吵不休的問題，到底可不可以養寵物？我想，只要這寵物是本來就養在妳家，而妳本身對貓毛、狗毛不會過敏的話，基本上是沒有問題的。如果更小心一點，妳也可以去檢測過敏原，就更能確定寵物會不會引發過敏，不需要太過緊張。

至於有些人會擔心貓砂裡有弓漿蟲，導致新生兒先天性感染，其實只要是家貓就不用過度擔心。說穿了，貓、狗這些寵物並不可怕，真正該提防的是牠們身上的跳蚤、細菌，如果平常有好好照護、保持乾淨，並且按時施打疫苗，寵物當然還是可以留在家裡。

妳想想，這些寵物養了這麼久，基本上已經是家中的一份子，為了迎接新生命，卻要送走老成員，好像也說不太過去吧？

當然我也看過有孕婦本來就不喜歡家裡的狗，懷孕後就逼先生把狗送走，其實結了婚，養寵物就不能只是一個人的事情，在懷孕之前就該先溝通清楚如何照護寵物，而不是一味將牠們視為避之唯恐不及的病毒帶原者。

不過，如果妳是因為懷孕後才母性大爆發，突然很想養寵物紓壓，或者是一時興起想養隻狗陪孩子成長，我個人不太建議這麼做，因為環境中突然多了新的動物，誰也沒辦法保證牠不會對妳造成任何影響。

而且，懷孕時孕婦本身的身心都得承受許多變化，不一定有餘力從頭學習照顧新成員，以及如何避免寵物帶來的跳蚤、細菌，甚至也不清楚對於會不會因為寵物造成過敏，因此養寵物反而可能成為另一種負擔，與其如此，還不如維持現狀，畢竟再過幾個月孩子出生，妳就有得忙了。

12 | 懷孕千萬不能接種疫苗？

天真婦：「醫生，我有需要打什麼疫苗嗎？」

淡定林：「建議可以接種百日咳跟流感疫苗。」

天真婦：「可是我小時候打過百日咳疫苗了耶～」

淡定林：「太太～那已經是小學前的事了吧！」

▶ 思宏的 OS ◀

接種疫苗是一種預防性的照護策略，幾乎零風險，
但還是取決於孕婦本身的意願。

一般來說，孕婦可以施打的疫苗主要為百日咳及流感疫苗。以百日咳而言，在普通狀況下，成人得了百日咳會自行痊癒，但由於產婦肩負著照顧孩子的責任，雖然罹患百日咳對自己可能沒什麼影響，但容易傳染給新生兒，所以會建議孕期中施打一劑百日咳追補疫苗。

　　其實我們每個人應該都接種過百日咳疫苗，最後一次接種大概是在小學一年級時，而百日咳疫苗所產生的抗體在體內只能維持8-10年，我想就目前懷孕的平均年齡來看，抗體理當消失得差不多了，所以可再進行接種。

　　而且百日咳疫苗除了能夠保護孕婦之外，也有文獻證實抗體能夠藉由臍帶胎盤傳送給胎兒，讓胎兒在剛出生的前2-6個月也能同時被動從妳的胎盤臍帶擁有抗體而受到保護。

　　至於流感疫苗，現在台灣政府就有補助給四類族群施打，分別是醫護人員、老人、小孩及孕婦，所以無論是在第一、第二、或是第三孕期，孕婦都可安心接種，即使是準備懷孕期間施打也沒問題。

　　要注意的是，孕期中必須避免施打德國麻疹疫苗，因為它是一種活性減毒疫苗，所以若產檢時驗到孕婦沒有德國麻疹的抗體，必須等到孩子出生後您才能夠施打，若德國麻疹沒有抗體，建議少出入人多複雜的公共場所，或戴口罩會對自己比較有保障。

　　而多數女性會施打的人類乳突病毒疫苗，同樣不建議在懷孕當中施打，但由於人類乳突病毒疫苗不管是2價的保蓓疫苗，或是4價、9價的嘉喜疫苗都必須在半年內施打3劑，假如在施打

疫苗的過程中懷孕了，也不需要太緊張，就先暫停剩下的疫苗施打，等生完孩子後再把剩餘的1-2劑疫苗施打完即可，不需要重新施打。

雖然醫療院所通常會建議孕婦選擇自費施打百日咳及流感疫苗，但必須強調的是，施打疫苗本來就是一種「預防勝於治療」的照護策略，施打過程並非但幾乎零風險，有些孕婦打了之後可能會引起手痠、疼痛等等症狀，所以是否施打這類疫苗還是取決於孕婦本身，醫院並不會強迫，而是由孕婦自行做決定。

13 孕婦坐飛機會早產？

診間對話

焦慮婦：「醫生，我下個月要出國，坐飛機會有影響嗎？」

淡定林：「基本上不會啦。」

焦慮婦：「那我會不會在飛機上早產啊？」

淡定林：「如果妳在飛機上會早產，在地面也會早產，跟坐飛機無關。」

▶ **思宏的 OS** ◀

孕期出國玩跟早產是兩碼子事，會不會早產也跟坐飛機無關，但請孕婦自己要保有「風險自負」的概念哦！

很多孕婦想出國玩，卻又擔心搭飛機對胎兒有影響，甚至擔心引發早產，常常問我該怎麼辦，這時我必須說幾句比較直接的話，早產的原因有很多種，但絕對不是搭飛機的關係。我也常常說，胎兒什麼時候出生是天注定，如果孕婦在飛機上會早產，那即使不坐飛機待在家也會早產，跟出去玩、飛機完全沒關係，只是剛好在飛機上罷了。

　　因為目前並沒有研究指出孕期搭飛機會影響孕婦或胎兒，所以，懷單胞胎35週前與雙胞胎32週前，基本上搭飛機是沒問題的，如果超過這週期都不太建議。不建議的原因是因為，即便盡可能精準的計算了預產期，也很難百分之百保證胎兒不會在旅途中忽然就想早點出來見爸媽。

　　所以醫生必須和大家溝通一個觀念，孕期間去哪裡玩都可以，不過孕婦自己本身要有一個認知：懷孕後期出去玩，本來就有一點點風險，而且妳必須有「風險自負」的觀念，因為一旦發生了萬一，誰都無法幫妳，包括醫生。

　　有些航空公司會需要孕婦提出適航證明，等於是要找醫師掛保證，不過坦白說，醫生雖然可以為妳評估有沒有早產風產，也可以幫妳開適航證明，但真的無法擔保沒有任何風險，所以假如發生了萬一，也請不要對醫生丟雞蛋。

　　另外，有些孕婦要出去玩之前，會希望醫生開點安胎藥，但我想強調的是，安胎藥實際上沒有安胎功能（參考 P.137），如果真能安胎，乾脆所有孕婦一路吃到生產就好啦，也不會發生早產之類的問題了。

至於有些人可能會問，但聽說很多女性長期頻繁搭飛機導致不孕耶！其實這是因為太過頻繁的出國讓生理時鐘亂掉，才不容易懷孕，跟搭飛機這件事同樣一點關係也沒有喔。

　　其實，如果真的很想出去玩，孕婦狀況評估也大致沒有問題，那麼既然機票刷了、飯店訂了，就不要再亂想些對現狀無益的事情；假如真的有疑慮，擔心這擔心那的，心裡好像不舒坦，那就忍忍吧，暫時不要出國去玩。

14 | 胎兒的頭太大、媽媽太嬌小會生不出來？

焦慮婦：「醫生，我這麼矮會不會生不出來？」

淡定林：「那待產那天記得穿高跟鞋來哦！」

焦慮婦：「蛤？穿高跟鞋真的有用嗎？那是不是越高越好？」

淡定林：「……我開玩笑的啦！」

▶ 思宏的 OS ◀

關於生不生得出來這件事，只有生的時候才知道，光憑孕婦或胎兒的外觀沒人能預測。

胎兒頭太大、孕婦太嬌小會不會生不出來？孕婦的屁股大，是不是就比較好生？哎啊，抱歉我不會摸骨也不會算命，這些問題真的只有到生的時候才知道，請孕婦們不要在生產前就煩惱這些問題，搞得自己緊張兮兮。

　　胎兒的頭多大才叫太大？醫學上定義頭圍超過35公分，雙側顧骨長度超過10.5公分以上才叫做頭太大。但老實說，頭圍根本就沒有絕對的大或小，即使頭圍在正常範圍內，但生產時擠不出骨盆腔，也就是說骨盆腔相對的更小一些，那就會生不出來，這就是我們所謂的「胎兒胎頭骨盆不對稱」，也可以說是因為頭太大！

　　而太矮的孕婦，往往在民間傳說中被認為會因為骨盆腔相對較小也不好生，其實這些都沒有絕對，我也看過嬌小孕婦自然產出4000克的巨嬰，所以還是生了才知道，產房見分曉。那萬一生不出來怎麼辦？那就交給醫生專業的器械輔助，例如真空吸引或是產鉗來幫忙，或臨時改成剖腹生產吧，不會有任由胎兒卡在那的事情發生。

　　至於常常被誇獎看起來很好生的孕婦，如果生產時沒有如妳所想的10分鐘就生產結束，也不用檢討自己出了什麼問題，例如為什麼屁股比別人大，還生得比別人久？一副辜負了自己的大屁股似的（笑），其實，屁股大比較好生，本來就是一個迷思。因為骨盆大屁股會比較大，但是屁股大不等於骨盆大，而且屁股大如果是因為肉多，導致產道狹窄，反而更不好生。

　　所以，以上這些真的不是需要擔心的問題，請各位孕婦放寬心，等到真的生不出來再說，醫生總會有方法可以解決。況且，

雖說好不好生看個人體質，但與其軟爛在沙發上胡思亂想擔心這些，不如好好進行飲食控制，避免胖太多太快；或者在孕期間認真運動，增強肌肉耐力，也能增加順利且快一點生出孩子的機率。比如說我最推崇的游泳，因為游泳換氣的規律節奏，很類似生產用力時需要的呼吸技巧，或者定期做一些骨盆腔運動，也都有利於生產更順利。

　　別想囉！動起來吧！

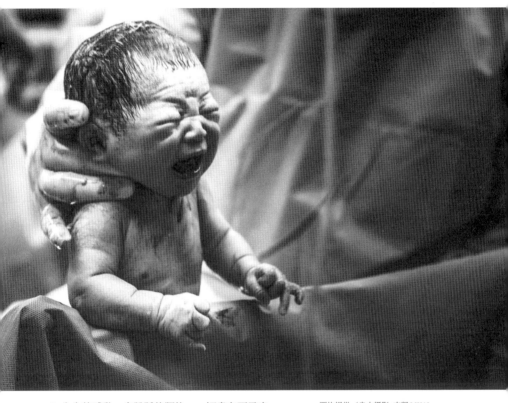

● 生命的感動，會說話的照片，一切盡在不言中。　　　圖片提供／良大攝影　立凱 LIKAI

15 | 寫在之後，
真正的禁忌是……

焦慮婦：「醫生，你常說什麼都可以吃，那有什麼是真的
不能吃的禁忌阿？」

淡定林：「酒！就只有酒，其他都可以。」

焦慮婦：「完全不能喝嗎？」

淡定林：「對，要滴酒不沾喔！」

焦慮婦：「那加在燉補裡面可以嗎？」

淡定林：「說實話，妳是不是很想開喝……」

▶ **思宏的 OS** ◀

江湖傳言孕期禁忌百百款，實際上只要遵守幾個大
原則，懷孕也能輕鬆又快樂！

很多孕婦都有這樣的煩惱，懷孕後的生活，老是被限制這、限制那，好像過得綁手綁腳，我想在此告訴大家，懷孕不是生病，想吃什麼、想幹什麼都沒問題，從專業角度來看，實際上懷孕真正的「禁忌」，只有以下幾件事。

1.喝酒：這是我在文中一再強調的事情，孕期酗酒已經被證實是導致孩童先天缺陷、發展遲緩及神經發育障礙的頭號兇手，所以孕期間什麼都能吃，就是酒不要碰。

妳說沒酗酒呀，偶爾小酌幾口有關係嗎？但最新科學研究的答案是：「滴酒不沾最好！」因為已有實證醫學研究指出，如果孕婦在懷孕期間喝酒，即使只是小酌幾口，和孕期間滴酒不沾生出的嬰兒相比，有喝酒生出的嬰兒五官還是會產生影響，例如人中變平、上唇變薄、鼻子可能較短或鼻尖上翹。雖然這些變化可能非常細微，肉眼幾乎察覺不到，但也讓研究團隊為酒精對於孩童未來的智能與神經發育的衝擊感到擔憂。

再次重申，有的人千杯不醉，有的人一杯啤酒就可以胡言亂語，妳無法得知妳孩子的酒量是好還是不好。所以啊，不要再想說那喝一小口行不行？小酌一下應該沒關係吧？為了胎兒的健康，務必要「盡量」做到滴酒不沾喔！

2.體重失控增加：這也是我一再灌輸孕婦的觀念。有些人一懷孕就開啟了養豬計畫，大吃特吃還照三餐進補，其實這也不能怪孕婦，因為就算妳不吃，旁邊的人也會不斷餵食。

但我還是要提醒，胖太多對孕婦和胎兒來說都不是福氣，孕期體重會影響孕婦本身的健康，胎兒的體重也會影響他後續的人

生。假如胎兒在妳肚子裡就被養得太胖，將來孩子罹患三高疾病的機率就會變高。所以，為了妳和胎兒著想，懷孕期間一定要避免體重失控。正常狀況下，孕期體重總共增加8-12公斤是最好的選擇。

3. 孕前沒做的事，懷孕後硬要嘗試：這是個很簡單的道理，孕前本來就有在吃的東西、有在做的事情，懷孕後都可以繼續吃、繼續做沒問題。

但是不要本來不會游泳，懷孕後突然覺得：哎呀！好想要學游泳；或是懷孕前從來沒滑過雪，懷孕後卻決定出國去滑雪。雖然說孕婦沒那麼脆弱，但還是要凡事小心，畢竟一般人面對生活中的新事物都會有無法預知的風險了，孕婦更應該小心才是。

世界上能做的事這麼多，先選擇本來有在做、習慣的事情就好，至於想完成的人生新挑戰、想冒險，就等到生產完再說吧！

懷孕後凡事量力而為，不過度擔憂什麼東西可不可以，不過度要求什麼事為什麼不可以，我想妳在孕期會過得更開心。

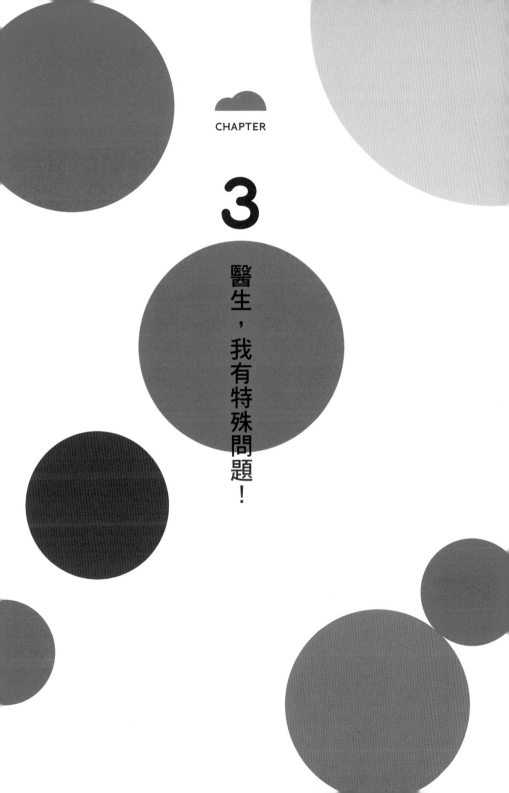

CHAPTER

3

醫生，我有特殊問題！

01 孕期皮膚發癢怎麼辦？

崩潰婦：「醫生，我皮膚好癢，抓到快脫皮了！」

淡定蔡：「最近有使用什麼以前沒用過的產品嗎？」

崩潰婦：「哦，上禮拜新買了一款妊娠霜……啊！就是開始擦之後皮膚就好癢！」

淡定蔡：「那可能是它引起過敏，要先停用哦。」

崩潰婦：「那我的妊娠紋怎麼辦～～～」

淡定蔡：「再繼續擦下去，我擔心妳妊娠紋還沒消，身上又多了一堆抓癢的疤……」

▶昌霖的 OS ◀

孕期很容易出現皮膚過敏的症狀，無論是吃的、用的都要多加提防！

懷孕是件苦差事，除了挺個大肚子累得要命，很多孕婦會發現，皮膚好像變得很脆弱，除了原本就有過敏症狀的人可能會更嚴重；本來皮膚很勇健不知過敏為何物的人，懷孕之後居然也開始出現皮膚發癢或者過敏症狀，其實這大多是荷爾蒙作祟。

　　由於懷孕期間荷爾蒙產生變化，導致孕期中的皮膚發癢非常常見，包括孕期癢疹、濕疹、接觸性皮膚炎、蕁麻疹、異位性皮膚炎惡化等等，這些過敏反應往往都要等到生產後，甚至哺乳期結束才會逐漸好轉。

　　先別崩潰，雖然孕期中可能會遭遇皮膚過敏之苦，但還是有辦法減緩孕婦的不舒服。

　　最基本的原則就是，本來會讓妳過敏的東西，懷孕後盡量不要碰。如果妳懷孕前吃蝦蟹就會引發過敏，即使孕期間神經搭錯線突然好想吃、好想吃、不吃會睡不著，也請妳要堅持忌口，假裝這世界上沒那種食物，因為原本就跟妳八字不合的食物或產品，孕期間可能只會把妳整得更慘。

　　其次，很多孕婦一發現懷孕，可能會換新的保養品、補充保健食品，或者是開始擦妊娠霜、按摩油等等，但這些新產品也可能會是引起過敏的主因。不一定是產品有問題，而是妳的荷爾蒙會改變妳的身體，讓妳的皮膚變得比較難搞。所以當妳發現可能是哪些生活中的新產品導致皮膚發癢時，不要再抱著「買都買了不用很浪費」的心態，請馬上停用，如果停掉3、5天後仍不見好轉，而且症狀還持續惡化時，記得立刻向醫師求診。

　　有些孕婦常常忍到不能再忍時才來就醫，原因是擔心醫師開的藥會對胎兒造成影響，但仔細想想，怎麼可能會有醫師明知道

妳懷孕還開藥害妳呢？

　　皮膚過敏看似不是什麼大病，可是真的發作起來，會讓人睡都睡不好，可能還想瘋狂搖晃隊友（老公）肩膀追問「為什麼要讓我懷孕」，無論是生理或心理上都飽受折磨，妳覺得這樣對胎兒真的會比較好嗎？

　　為了胎兒好的心情，醫生當然理解，當孕婦就醫時，我們也會從文獻報告與經驗累積中挑選安全的藥物，在安全的劑量範圍內對症下藥，既可緩解妳的痛苦，又不會影響到胎兒。

（本文由禾馨醫療孕婦小兒皮膚特別門診負責醫師蔡昌霖協助說明提供）

02 天啊，出血了！？

 診問對話

緊張婦：「醫生！我又出血了，會不會流產？」

淡定林：「不會啦，只是胚胎著床不穩定，補充黃體素就好了。」

緊張婦：「那下次再出血怎麼辦？」

淡定林：「就再來醫院檢查呀！因為每一次的狀況不一定一樣！」

▶ **思宏的OS** ◀

孕期中不正常出血是很常見的問題，請各位孕婦不要一看到出血就以為會流產，趕緊到醫院診所檢查就對了！

雖然出血是孕期中常見的狀況，但因為懷孕的前3個月，胚胎還不穩定，孕婦看到出血都會超緊張，其實出血的原因很多，不一定等於流產！而且，一般很難從出血量就判斷原因，所以一旦發現出血，立刻就醫準沒錯。

孕期前3個月出血主因大致有下面幾個：

1.黃體素不足：卵巢分泌黃體素不足，會影響胚胎著床不穩定而出血，通常補充黃體素後便可改善出血情況。尤其試管嬰兒若是冷凍胚胎，非自然週期，孕婦的卵巢也就沒有黃體的生成，就必須藉由黃體素、雌激素的補充來調整生理週期，進而選擇適當著床時間，所以若黃體素補充不足就有可能引起出血狀況。

2.子宮頸瘜肉：由於懷孕期間荷爾蒙的刺激，子宮跟胎兒都會變大，此時子宮內的腺體、瘜肉也會跟著變大，而且瘜肉生長的速度很快，可能懷孕10-12週就長到2-3公分大小。由於子宮頸是相當敏感的組織，有時走路摩擦，便會導致瘜肉出血，再加上子宮瘜肉容易造成反覆大量流出鮮血，驚悚程度常常嚇壞孕婦，實際上它並沒有危險，也與流產無關。假如孕婦出現反覆出血的情況，並且在補充黃體素後仍未見改善，建議儘速就醫安排內診，經過醫師評估後，只要瘜肉生長在可以摘除的位置，便可予以摘除，不用太過擔心。

3.正常著床性出血：胚胎鑽入子宮的過程中導致出血，就像鑽到地下水管會噴水，這種狀況下按理說會自行止血，不會有嚴重影響。

基本上，在胚胎正常的狀況下，上述出血狀況都不需要太擔

心，通常不會影響到胎兒。即使是正常的胚胎，在懷孕初期也會發生著床不穩的現象，此時只要多補充黃體素，胚胎就會趨於穩定。

但若是特殊情況如子宮外孕、胚胎異常（參考 P.164）導致出血，胎兒基本上是不可能健康長大了，我會建議若有這樣的問題應該安排進一步的檢查，而不是流產後就算了，有時這種心態，反而會讓很多可以被檢查出原因的疾病變得更複雜。

不過，出血問題不只會出現在懷孕初期，中後期由於子宮頸充血、水腫等狀況，更容易出現正常性出血，這沒什麼特別原因，就像有些人會常流鼻血，不一定有特殊原因，但也不會造成大礙。

只是，懷孕中後期有出血狀況，還是會讓人擔心會不會早產，或是前置胎盤、胎盤早期剝離，這些狀況比較危險，容易影響到胎兒。所以，除了出血，出現下列幾個狀況時也務必立即就醫：

- **陰道出水**：可能是羊水破了，或是陰道感染，須由醫師判斷檢查。

- **發燒**：切記，孕婦不能發燒，很容易影響到胎兒。發燒可能是感冒或是身體的發炎反應引起，要特別小心。

- **出現規則陣痛**：當妳出現5-10分鐘超過1次以上規則的陣痛時，趕快拿起待產包直奔醫院吧！

- **劇烈頭痛、水腫、血壓過高**：很有可能是子癇前症（參考 P.142）的徵兆，不能輕忽。

我明白孕婦對胎兒小心翼翼的心情，總是恐懼胎兒不能平安出生，往往一發現有些徵兆，就立刻聯想到流產之類的狀況。坦白說，自己嚇自己根本無濟於事，這時候別瞎操心，保持理智立刻就醫，交給專業醫師判斷，就能即時做出最適當的處理。

前置胎盤與胎盤早期剝離

前置胎盤引起的出血，通常出現在20週之後，不會發生在懷孕早期。由於20週之前胎盤與子宮還相當接近，但隨著週數增加，子宮逐漸變大，胎盤卻仍蓋住子宮頸，便是所謂的前置胎盤。

經過產檢後，如果醫師告知有前置胎盤的狀況，也不必太過緊張，凡事小心，保持一般正常生活就好，並且減少腹部用力的機會，例如跑步、深蹲，但是務必準時回診，出血量大時要儘速就醫。

因為前置胎盤造成的出血稱得上是急症，很可能有胎盤剝離的風險，若情況緊急，便很可能要趕快將孩子生出來，或是住院安胎，而且必須以剖腹方式進行生產，完全不建議自然產。

03 宮縮好厲害，
是不是要生了？

緊張婦：「醫生，今天我痛了一個下午，會不會要生了？」

淡定林：「有一陣一陣的嗎？」

緊張婦：「沒有啊，就一直很痛。」

淡定林：「妳中午是不是吃很飽？」

緊張婦：「對啊我去吃 buffet，你怎麼知道？」

淡定林：「那我想，妳去大個便應該就不會痛了。」

▶ 思宏的 OS ◀

宮縮跟早產、生產是兩回事，而越後期的宮縮會越讓人疑心是不是產兆，記得還是要先分辨宮縮是真性還假性。相信實證醫學，不是相信別人說，孕期會更快樂。

懷孕期間的子宮收縮（簡稱宮縮）現象是最容易引發孕婦緊張的狀況之一，但我想先說明，懷孕後子宮變大的過程，產生宮縮是正常現象，就連生產過後也會宮縮避免大出血。基本上20週以前很少會產生宮縮，20週起子宮便會開始自發性的收縮，白天比較少發生，到了晚上會比較頻繁出現。

　　孕期不可能沒有宮縮，所以孕婦遇到宮縮其實不用那麼緊張，看到黑影就開槍，肚子一緊立刻手刀衝診所，最重要的是學會辨別妳的宮縮是不是真的，畢竟假性宮縮是孕期間很正常的現象。

　　一般來說，假性宮縮不會有規則性，肚子雖然變硬、緊緊的，但不會痛，孕婦都還能談笑風生呢，而且休息一下就會緩解；而真的宮縮會有規則性，一個小時達5-6次以上，也會痛，還會越來越強，這種真的宮縮會造成子宮頸軟化，擴張，需要視情況判斷，究竟是有早產可能要接受安胎治療，或是直接生產。

　　雖然假性宮縮是孕期正常現象，如果真的不適，應該檢視造成宮縮的原因，比如膀胱炎、尿道炎、陰道發炎等發炎症狀，或感冒咳嗽、便祕、拉肚子等等，這些都會引起假性宮縮，從根本原因下手解決，才能夠減少假性宮縮的頻率。

　　針對假性宮縮，有些醫師會開安胎藥(Tocolytic agent)來舒緩不舒服的症狀，但我要強調的是，安胎藥本身沒有安胎效果，實證醫學已經說明沒有藥物可以減少早產的發生，安胎藥其實只是在減少假性的子宮收縮，以及減緩因為收縮而產生的不舒服感覺，但它絕對不是為了安胎避免早產。

　　還有孕婦會問，自己需要臥床安胎嗎？其實實證醫學也已指

出，完全臥床並不能預防早產，臥床安胎只適用於子宮頸閉鎖不全的孕婦。由於這樣的孕婦能負荷的重量本來就較弱，所以才需要躺著、處於無重力的狀態避免早產，並不是每個孕婦都需要躺著安胎的。

在這裡我也想特別說明，想確認是否會早產，並非由宮縮來判斷，而是可以在22-35週之間進行FFN早產篩檢，假如在陰道內發現胎兒黏連蛋白檢查結果為陽性，加上子宮頸測量長度未超過2.5公分，便有早產可能。

至於35週之後，由於週數大，胎兒的力道變強，孕婦會更有感，加上懷孕後期揹個肚子實在很累，會產生好想趕快生卻又怕週數不足這種期待又擔心的矛盾心情，在此狀況下，宮縮狀況常讓孕婦更緊張，擔心是胎兒要準備出生的產兆。此時就像我前面強調的，請先判斷是不是真的宮縮，下列三點完全符合，才是真性宮縮，表示有可能要生產了。

1. 會痛（假性宮縮會肚子緊，但不會痛）。

2. 痛感持續1分鐘至1分半，每10分鐘反覆出現，1小時超過6次（假性宮縮沒有規律性）。

3. 休息之後，痛感也不見減緩（假性宮縮休息後會減緩）。

以上三項，只要有一項條件不符，就不算真性宮縮，畢竟吃冰、運動、拉肚子都會造成假性宮縮，學會判斷真假，妳就能少慌張一點。尤其那種痛一整個下午的，通常都不是真的，八成是因為吃太飽、想大便，或者胎兒變換姿勢。

說真的，胎兒什麼時候出生，完全是天註定，從這裡就可以看出校正預產期的重要，如果預產期抓得準，通常很少會早於

38週生產。另外也想跟孕婦溝通一個觀念，如果妳在34週之後出現真性宮縮，其實沒必要再擔心早產的問題，在這個週數胎兒的大小成熟度都已經足夠，所以34週以上的早產現象，現今醫學都是建議可以直接生產了。

也就是說，當妳懷孕滿34週，代表妳責任已了，一旦出現真性宮縮的產兆不如就直接生了吧。再說，形成早產的原因有50%是因為感染，如果強行把胎兒安在一個可能感染的環境之下，長期來說對胎兒並不好，所以真的沒必要強勢安胎。

子宮頸閉鎖不全

子宮頸閉鎖不全指的是子宮像個沒綁緊的束口袋，當懷孕到18-22週左右，胎兒長到400-500克，子宮便撐不住重量，所以子宮頸閉鎖不全的孕婦第一胎往往留不住。如果有這種情況，第二次懷孕時，則會在14-16週進行子宮頸縫合手術的方式來預防早產。

O4　感覺不對勁就得吃安胎藥？

焦慮婦A：「醫生，我下禮拜要出國，可以開安胎藥給我嗎？」

焦慮婦B：「醫生，我最近一直宮縮好怕早產，需不需要多吃一點安胎藥？」

焦慮婦C：「醫生，寶寶最近動得好厲害，是不是在掙扎？要不要吃安胎藥？」

焦慮婦D：「不管安胎藥是什麼，都給我來幾顆。」（愛開玩笑）

淡定林：「其實安胎藥又沒有安胎功能，不要當安心丸吃啊……」

▶思宏的OS◀

安胎藥也是藥，吃了難免會有心跳快、手抖、會喘、胸悶等副作用，沒有需求就別吃吧。

「子宮一收縮就要安胎，否則會早產」這絕對是孕婦界常見的謠言之一，所以我也一直跟孕婦強調，事實上子宮在孕期中會收縮是再正常不過的事，只要不會痛、頻率不規則頻繁、休息會好，具備任何一項，就是假性收縮，不會有任何早產的可能性，（參考 P.133）不要太擔心。還有重要的一點就是，其實安胎藥根本沒有安胎效果，只能減少假性子宮收縮！

相信來過我門診的孕婦都知道，我很少限制孕婦不能吃什麼、不能做什麼，也很少開安胎藥，畢竟安胎藥也是藥，一樣會有副作用，包括心悸、手抖、胸悶等等，雖然這些症狀沒什麼大礙，但是懷孕已經夠辛苦了，何必還要忍受這些副作用，根本就是讓身體與心理的不舒服雪上加霜。況且，假性宮縮休息後就會好，為什麼非得吃安胎藥？

假如宮縮真的讓妳很不舒服，讓你睡不著覺影響睡眠品質，那當然可以吃 1、2 顆安胎藥緩解症狀無可厚非，但千萬不要將安胎藥視為萬靈丹，感覺不對勁就嗑一顆安胎藥、出去旅行前也一定要備安胎藥，這樣就太超過了。

老實說，我真心覺得現在許多的醫療都是防衛性醫療，安胎藥物真的是被婦產科醫師給濫用了，如果妳擔心早產或其他異常，應該找專業的醫師進行相關的早產篩檢 (FFN)，或是子宮頸長度測量，而不是覺得安胎藥吃下去就沒事了；假如到醫院檢查後，結果都沒有異狀，那當然就盡量避免在不需要、非必要的狀況下使用安胎藥囉。

05　孕期間，
如果健康檢查異常？

 診間對話

焦慮婦：「醫生，我的健康檢查報告出來了，有異常怎麼辦？」

淡定林：「哪裡異常？」

焦慮婦：「報告寫我的腰圍過大耶！」

淡定林：「太太，妳是不是忘記自己是孕婦了……？」

▶ 思宏的 OS ◀
懷孕本來就會讓身體產生變化，健檢數值有部分異常是正常的！

懷孕本來就是一段會讓身體產生劇烈變化的過程，所以在孕期中的健康檢查報告，往往有幾個部分會出現異常，其實這都是很正常的現象，不要太擔心。

除了上面講的「腰圍過大」這種兩光情況，還有哪些是因為懷孕造成的異常呢？

1.貧血：孕期中因為血流量增加，血液會被稀釋，所以很多孕婦會有貧血的症狀，建議可以多吃瘦肉、內臟類等含鐵量高的食物；或者多吃櫻桃、奇異果、深色蔬菜、青椒、紅椒，以及攝取維他命C，都可以改善貧血症狀。

2.膽固醇：懷孕中因為身體希望多供給營養給胎兒，所以很常出現膽固醇暫時較高的現象，只要數值沒有高出太多，就不必用藥，也不必太過擔心。

3.甲型胎兒蛋白：懷孕中驗到甲型胎兒蛋白高，並不代表肝臟有腫瘤，純粹就是妳懷孕了而已。

當然，如果妳還是有疑慮，不問個水落石出吃不下飯、睡不著覺，焦慮到隨時都想吼老公，那就帶著你的健檢報告詢問婦產科醫師吧，數值真的超出正常範圍太多，醫師也會做應變處理。

此外，有很多媽媽在哺乳期間發現胸部有硬塊，事實上這並不是懷孕或哺乳造成的，而是平常大家都輕忽了乳房健康，直到哺乳時才意識到。所以，除了一般健檢之外，我也建議孕婦在第二孕期（懷孕4-6個月）時，可以進行乳房超音波檢查，在哺乳前替自己的乳房好好做一次健康檢查，別只顧著關心胎兒健康卻忽略了自己的健康。

其實，除了懷孕期間的產檢，我也建議孕前先做一次健康檢

查，現在政府都有補助婚後孕前的健康檢查，一般來說，檢查主要項目包含女性本身有無糖尿病？夫妻雙方有無地中海貧血？是否感染梅毒？有無德國痲疹的抗體？男性精蟲數及活動力？

　　為什麼懷孕前該做健康檢查？以糖尿病舉例來說，如果女性本身就患有糖尿病（非妊娠糖尿）且控制不良，是有造成胎兒異常的可能性，例如尾椎發育不良、畸形等狀況。所以，如果孕前便檢驗出有糖尿病，就能提早準備，先將身體的血糖狀況控制好再做懷孕打算。

　　最後要提醒，別以為孩子生出來就沒事了，媽媽不但要照顧好孩子，更要好好照顧自己。我強烈建議產婦生產後半年內再去做一次健康檢查，檢視生產過後，自己的身體狀況是否已經完全恢復正常，而且最好養成定期健檢的習慣，照顧好自己的健康，才是一個負責任的媽媽哦！

06 | 什麼是子癲前症？

診間對話

天兵婦：「醫生，我上一胎沒發生子癲前症，這一胎還需要檢查嗎？」

淡定林：「最好檢查一下，這個沒在保固的……，上胎沒有不代表這胎不會發生。」

▶ **思宏的OS** ◀

我真心覺得子癲前症是很糟的產科急症，所以早期篩檢非常重要，能夠大幅降低子癲前症發生的機會。

子癇前症又稱為妊娠毒血症，主要原因是胎盤功能有問題所引起。胎兒在孕婦體中，完全依靠孕婦的血液循環透過胎盤供給營養，基本上小週數不會有問題，但週數越大，胎兒需要的養分越多，此時功能不佳的胎盤養不起胎兒，便很可能造成子癇前症。

為什麼呢？打個比方，孕婦像個馬達，當胎盤功能不佳，為了維持胎兒生命，就必須加強馬力，才能透過胎盤供給更多的營養給胎兒。而孕婦加強馬力，相對的血壓就會上升，而過高的血壓便很可能引起中風，所以醫療人員需要幫助孕婦降血壓，就像將馬達關掉，馬達一關掉胎兒養分就不夠，於是就進入一個無止境的惡性循環。

在這樣的狀況下，究竟應該讓孕婦這個馬達繼續運轉供給胎兒營養，還是要趕快關掉馬達讓孕婦降血壓？就形成了該顧胎兒還是顧孕婦的兩難。這樣的惡性循環，會讓孕婦的血壓經常不穩定，有些人的收縮壓甚至會高到140-160以上，舒張壓則超過90-110以上，若再伴隨著尿蛋白的症狀產生，幾乎可確定有子癇前症。

因為子癇前症是胎盤功能不佳引起，所以除了對孕婦有影響之外，也會限制胎兒成長。坦白說，想根本解決子癇前症的問題，唯一方法就是生出孩子，讓胎盤與母體剝離，目前並無法治療胎盤功能的問題，孕婦只能藉由多運動增強胎盤功能，或是盡可能採取預防措施。

由於子癇前症的發生很難預料，大多孕婦前期血壓都很正常，直到後期才開始出現血壓升高的狀況，現今醫學已經能夠透過早期的子癇前症篩檢找出高風險的孕婦族群，運用藥物及改善

生活習慣，希望盡可能預防子癇前症的發生。例如在懷孕11-14週時進行子癇前症篩檢，或者胎盤功能檢查，若被診斷為高風險的孕婦，可服用阿斯匹靈增強血液循環，並且補充抗氧化劑，例如維他命C或E，以及維他命D。

有些人以為孕前血壓高、肥胖，或者高齡產婦比較容易出現子癇前症，目前看來並不是定論，還是必須透過早期的子癇前症風險評估，盡可能降低懷孕婦女得到子癇前症的風險。

至於是否每一胎都需要篩檢子癇前症？我個人建議是每一胎都要進行篩檢，因為造成子癇前症的兩大主因，一是母體子宮動脈血流不佳，另一個原因則是胎盤生長因子太低導致胎盤功能不佳。子宮動脈血流不佳，是因為孕婦本身體質問題，懷再多胎也不會有太大改變；但是胎盤就不一樣了，每一胎都會改變，上一胎的胎盤功能很棒，這一胎的胎盤功能卻可能變得不好。所以，即使上一胎沒有子癇前症，也不能保證這一胎也能完全避免，最好還是進行早期子癇前症的篩檢。

07 肌瘤會影響到我的胎兒嗎？

緊張婦：「醫生，我的子宮肌瘤會影響到寶寶嗎？」

淡定林：「不會啊！」

緊張婦：「那肌瘤會不會把營養搶走？」

淡定林：「不會啦！」

緊張婦：「可是你說我的肌瘤有變大耶，怎麼辦？」

淡定林：「女人都可以懷雙胞胎了，更何況只是一顆肌瘤，安啦～」

▶ 思宏的 OS ◀

孕期中肌瘤變大很正常，女人的肚子都可以懷雙胞胎了，一顆肌瘤就算長到 10 公分也不會比胎兒來得大，所以請採取「和平共處」的策略面對吧！

子宮肌瘤是一種良性腫瘤，它並不會轉為癌症，所以不一定需要割除，除非它已經大到會引起貧血、經血不停，甚至壓迫到腸胃道，引發頻尿、便秘等症狀，否則醫師通常不會主動建議割除，主要還是依本人意願而定。

　　不過，很多孕婦一開始聽到會嚇得半死，一下子擔心早產，一下子怕影響胎兒生長，以下的說明提供幾個概念，我想會讓孕婦們更安心。

1.不管是長肌瘤後來懷孕了，或是懷孕期間長肌瘤，對胎兒的影響都不大。

　　我們的子宮都可以懷雙胞胎到足月了，就算是10公分的肌瘤才不過一個足月兒「頭」的大小，實在不用太擔心，就當做懷一對雙胞胎就好囉。

　　即使肌瘤在孕期中跟著變大，也不需要過度擔心，甚至可以說是一件很正常的事情，因為懷孕後，妳的子宮和胎兒會越來越大，肌瘤當然也會跟著變大。很多產婦生產之後，過了幾個月就發現肌瘤變小了，甚至消失不見，所以請放寬心，讓它和妳與胎兒和平共處即可。而且肌瘤大或小，通常不是問題，該注意的反而是它的位置。

2. 肌瘤不會造成早產。

　　肌瘤跟早產一點關係也沒有，不過根據肌瘤生長位置的不同，有可能會有胎位不正的問題。

　　肌瘤依據生長的位置，大致上可分為漿膜下肌瘤、肌壁間肌瘤、黏膜下肌瘤三種。漿膜下以及肌壁間肌瘤通常不會有影響，

只有黏膜下肌瘤會因為生長位置的關係，使得胚胎較不容易著床，不過一旦懷孕了，也不會造成太大影響。所以，準備計劃懷孕的女性，如果有黏膜下肌瘤，可以考慮割除，能夠使胚胎更容易著床，提高受孕機率。

還有另一種狀況，假如肌瘤長在子宮頸的位置，可能會導致不適合自然產，醫師通常會建議剖腹，但一般而言也沒什麼大礙。

3. 不必特別為了拿肌瘤剖腹生產。

但如果因為其他原因，決定剖腹生產，是可以在剖腹時一起處理肌瘤的（這點還是必須尊重你主治醫師的專業看法及決定），在禾馨，我們會打強力的子宮收縮劑，所以幾乎不會增加太多出血，一般是可以一起執行。

4. 懷孕期間，肌瘤有時候會產生併發症。

有一種比較特別的情形叫做肌瘤變性，是因為懷孕讓肌瘤快速長大，原本細小的血管無法供應肌瘤內部造成缺血壞死，所以會有壞死性疼痛的問題，但一般約一週自己會好轉，可以配合止痛藥改善症狀。

老實說，現代社會中，許多女性都有肌瘤的問題，只是不一定會發現。有些孕婦甚至是第一次產檢時才發現自己有肌瘤，然後就開始愁雲慘霧，深怕影響胎兒發展。比較起來，我還覺得孕婦整天擔心煩惱的問題比一顆肌瘤嚴重多了，肌瘤本就是良性腫瘤，但負面心情才是懷孕中最該避免的。總而言之，不要自己嚇自己，子宮肌瘤通常對於胎兒是不會有影響的。

08 | 高齡產婦風險高？

緊張夫：「醫生，我太太是高齡產婦，我怕她體力不好，生孩子會很累。」

淡定林：「妳健康檢查有什麼問題嗎？平常有運動嗎？」

焦慮婦：「有持續運動，前幾個月剛跑完全馬。」

淡定林：「先生，你太太的體力可能比很多年輕產婦還要好，不用擔心。」

焦慮婦：「可是我超過35歲了，真的沒關係嗎？」

淡定林：「只要產檢沒問題，妳跟一般孕婦沒什麼兩樣啊！」

▶ 思宏的 OS ◀

「高齡產婦」不完全等於「高危險產婦」，「低齡產婦」也不完全等於「低危險產婦」，年紀只是判斷產婦風險的其中一個標準。

很多人以為「高齡產婦」生孩子一定很危險，其實，高齡不完全等於高風險，有些人注重養生，吃得健康營養，也有固定運動，身體年齡反而比同齡女性來得年輕；相反地，如果本來就不重視健康，即使年紀輕輕也有可能毛病一堆。比起出生年次，「身體年齡」更真實，會更直接影響孕婦的體力、生產風險等等，所以除了出生年次之外，孕婦更該注意的是自己的「身體年齡」。

　　整體來說，高齡產婦的風險分成三個部分，如果都排除了，其實所承擔的風險跟年輕孕婦是一樣的。

1.染色體異常風險

　　在身體無異常的狀況下，高齡產婦與低齡產婦唯一的差別在於，高齡產婦染色體異常的風險較高，但目前可以透過非侵入性染色體檢測 (NIPS)、第一孕期妊娠風險評估暨頸部透明帶檢查、羊膜穿刺染色體檢查及羊水晶片檢查等篩檢，都能在20週前確定胎兒是否有染色體異常狀況。假如確定胎兒沒問題，其實就不用擔心高齡對胎兒造成的影響。

2.本身疾病風險

　　目前對於高齡產婦的定義是超過34歲，如果妳已經到達這個年紀，我建議妳懷孕前先進行健康檢查，因為有高血壓或糖尿病等自身的疾病，相對懷孕風險較高。如果肝腎功能、膽固醇指數、體脂率、BMI值都正常，沒有高血壓、糖尿病等慢性疾病，子宮動脈血流的檢查也都是正常，那基本上可以放心，即使「高齡」，妳的風險也未必比較高。

相對的，低齡產婦如果身體狀況不佳，就要把自己當高齡產婦看待，更注意營養的攝取及孕期保健，別仗著年輕就以為生產風險低。

3. 自己覺得自己高風險或是大家覺得妳高風險

這點比較困擾，首先高齡產婦必須先相信自己沒問題，不然一切免談了，再者要找到值得信賴、相信妳沒問題的醫師，然後妳本身就會是「種子教官」，再去感染周遭的人，那麼即使高齡也能夠真正無憂慮的懷孕。

至於有些孕婦因為擔心「生不出來」而選擇剖腹，基本上我尊重每個人的選擇，但我必須強調，是否選擇剖腹產，應該出於妳自己個人意願，而不是認為高齡產婦只有剖腹一途。

如果妳問我，高齡產婦還有哪些特別要注意的嗎？我只會說，依照平常心，將自己當成一般孕婦就好。我知道，很多壓力來自於旁人，聽到妳是高齡產婦就七嘴八舌提醒妳不能如何、不能吃什麼，所以妳更要保持輕鬆愉快的心情，懂得適時放空，別把這些無來由的壓力全往心裡堆。

此外，我也真心覺得「高齡產婦」必須被重新定義，再也不是幾十年前的34或35歲，應該更往後延，移到42歲我覺得比較合理，否則只有徒增憂慮、剖腹產率，以及讓大家自己嚇自己而已。

09 懷雙胞胎需要注意什麼？

焦慮婦：「醫生，懷雙胞胎的話，我是不是要多吃一點？」

淡定林：「不需要啊，注意營養均衡就好。」

焦慮婦：「那維他命要不要吃雙份？」

淡定林：「不用，一份就好。一人吃夠三人補啦。」

▶ **思宏的 OS** ◀

懷雙胞胎不需要特別補充過量營養品，而且也不一定等於高危險妊娠，要依照胎兒狀況而定。

肚子裡有一個孩子，就足夠讓孕婦焦慮煩惱到睡不著，更何況懷雙胞胎，除了心理壓力，揹的重量、身體承受的不舒服等等都加倍，時不時還要聽到路人說：「肚子好大好低喔，是不是要生了？」，想到就很「阿雜」。其實妳可以放輕鬆，懷雙胞胎沒有想像中的高風險。

　　先來上堂課。雙胞胎可以分為異卵與同卵，異卵雙胞胎有各自的臍帶與胎盤，就好像住在同一層樓的兩個房間，而且這兩個房間有自己的衛浴設備，胎兒不用互搶，簡單來說，就是一個住套房的概念。

　　而同卵雙胞胎又可以分為同卵不同羊膜以及同卵同羊膜，同卵不同羊膜就像要共用衛浴的雅房；同卵同羊膜的胎兒則是有同一個胎盤、不同臍帶，兩個人則像睡在同一張雙人床。

　　用了這個比喻，應該很明顯看出，同卵同羊膜的胎兒因為睡在同一張雙人床，具有較高的風險，比較容易發生臍帶打結的狀況；而異卵雙胞胎的風險最低，畢竟兩個胎兒各過各的，當然風險最低。

　　所以啦，懷雙胞胎，不一定等於是高危險妊娠，還得看妳是什麼情況。而且，雖然雙胞胎早產機率較高，但只要懷孕已足月，可以選擇一般診所生產就好，未必須要到醫學中心等級的院所生產。

　　還有啊，我常聽到懷雙胞胎的孕婦認為要拚命吃，才足夠給兩個胎兒營養，不要這麼衝動好嗎？其實只要營養均衡健康，真的不必刻意多吃，畢竟旁人一定會常常餵食妳，也不太需要擔心餓到。

我反而認為，懷雙胞胎需要的運動量更大，因為懷雙胞胎，孕婦的荷爾蒙上升得更厲害、肚子大更快、身體更容易水腫、心肺負擔也更大，所以懷雙胞胎其實更需要運動，強化肌肉與體力，才有辦法負荷整個孕期的重擔。

　　總之，即使懷雙胞胎也不用太擔心，妳和一般孕婦沒什麼兩樣，只是負擔比較大。而不管是飲食或維他命，都只要一份就好，真的需要準備兩份的，就是孩子的衣物和安全汽座，這才是最實際的東西。

10 胎位不正怎麼辦？

 診間對話

淡定林：「很好，女兒大小都正常，胎位是正的喔！」

漂亮婦：「所以我女兒是正的囉？」

淡定林：「對呀！現在**32**週胎位正，以後應該都是正的了。」

漂亮婦：「耶！老公～太好了，我們女兒是正妹！」

淡定林&丈夫：「……」

▶ **思宏的OS** ◀

若胎位不正必須剖腹生產，並不會對胎兒不會造成不良影響，請別擔心！而且，胎兒不管怎樣都是父母眼中最正的啦。

在診間，常遇到很多孕婦知道胎兒胎位不正就拚命問怎麼辦，我的回答永遠都是：30週胎位不正沒關係，又還沒有要生！胎兒漂浮在羊水裡，本來就會時常變換位置和方位，基本上要到32-36週才能確認胎位正或不正。

所謂的「正常胎位」指的是「頭部朝下、臀部朝上」，其他臀位、橫位、額位等就屬於「胎位不正」。

胎位不正的成因大多與子宮中隔等子宮構造異常有關，但老實說影響並不大，只是孕婦容易更不舒服，例如「臀位」的胎兒，因為頭在上方，會頂得孕婦的肚子特別緊、想吐，胎兒在下方的腳則會時常踢到孕婦膀胱，導致頻尿等狀況。

種種因胎位不正帶來的不舒服，只能請孕婦多擔待一點，同時也不用太擔心，胎位不正通常不會有太大影響，也不會影響胎兒的四肢發展，況且到了36週前，胎位轉正的機率有8成以上，更別說還有的胎兒是出生之前才突然轉正的呢！

有的孕婦會做「膝胸臥式」，希望矯正胎位，我不反對這樣做，只是矯正成功的機率並非百分之百，誰也沒辦法跟妳擔保有幾成機率，孕婦千萬不要得失心太重，畢竟胎位究竟會不會轉正，本來就不是妳能決定的。

那麼，如果到生產前胎位還是不正怎麼辦？其實也不用太擔心，通常醫生會視情況建議剖腹，只要生產過程沒問題，對胎兒不會造成不良影響。

時代在變，大家的思想也更新穎，有些孕婦知道胎兒胎位不正反而很高興，為什麼？因為她本來就想剖腹，這樣一來不就更名正言順了嗎。

當然我不是說剖腹一定比較好，而是希望各位孕婦的心情都能這樣轉個彎，同樣一件事，別老是執著於讓自己擔心的一面，偶爾也換個角度，看看值得開心的那一面，妳會發現，在辛苦的懷孕過程中，還是有很多屬於妳的小確幸！

子宮中隔

子宮中隔並不是疾病或嚴重異常，只是子宮多長了一塊肉，基本上對孕婦或胎兒都沒有大礙喔！

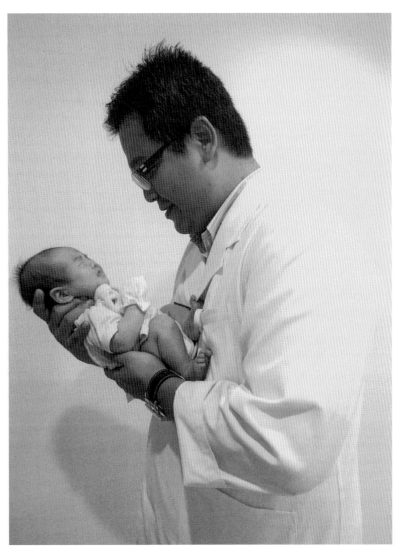

● 謝謝你們，讓我參與生命誕生的過程。

圖片提供／Rachel Peng

11 | 如果新生兒早產得住保溫箱？

憂愁婦：「醫生，我好擔心萬一早產，寶寶出生要住保溫箱。」

淡定林：「保溫箱又不是監獄，不用擔心啊。」

憂愁婦：「可是住保溫箱感覺寶寶好可憐。」

淡定林：「保溫箱是為了提供寶寶更適合成長的環境，避免妳的孩子失溫，不是把他丟著不管，別擔心。更何況，妳又不是一定會早產！」

▶ 思宏的 OS ◀

對產婦來說，保溫箱好像一個大魔王，如果對保溫箱有恐懼和擔心，請把保溫箱想像成一個沒有羊水的子宮吧。

「我的寶寶是不是要住保溫箱？」這應該是每一位孕婦腦海都曾閃過的問題，在妳們心目中，保溫箱是一個大魔王，一旦住進去就好像進了土城看守所，還會被編上號碼拿牌子（編號9487）照相一樣。

其實大家可以放寬心，因為保溫箱本身根本沒有醫療效果，充其量就是提供一個溫暖的環境而已，妳可以把他想像成沒有羊水的子宮，也是能夠讓胎兒好好長大的空間。

一般來說，體重小於 2000 克或是 37 週前就出生的胎兒，會比較有可能需要住進保溫箱，這些早產兒或體重較輕的胎兒，皮膚的保濕能力還沒發展完全，容易乾燥、失溫，所以保溫箱就像是一件保暖的 Goretex 外套或發熱衣，加上保濕的 SK-II 面膜，提供胎兒溫暖的屏障，維持他的體溫。如果太急著要胎兒早點出保溫箱，因為外界的溫度不穩定，就好像他還沒自己準備好衣服穿上，妳就幫他脫下外套跟發熱衣，很容易感冒或生病。

另一方面，有些胎兒需要濕度較高的氧氣，在保溫箱這種限制空間的環境中，就能維持氧氣的濃度，針對胎兒的需求設定，而且能夠隨時監測血氧狀況，讓胎兒處在一個更適宜居住、成長的環境中。

這樣說明之後，是不是覺得保溫箱並沒有那麼可怕，胎兒住在裡面也沒有這麼可憐了？

至於胎兒什麼時候可以離開保溫箱，這必須視各別的狀況而定，只要已經具有自行呼吸、維持體溫恆溫的能力，就可以正式踏入這個花花世界，往後的生活也與一般人無異，並不會特別脆弱。

有可能早產的話要施打肺泡成熟劑？

如果胎兒還在孕婦肚子裡，就被判斷有可能在34週以前就出生的話，醫生會在孕婦身上施打肺泡成熟劑，這是一種低劑量的類固醇，可以加速寶寶 type 2 肺泡細胞成熟，對孕婦不會有任何影響。

但必須說明的是，肺泡成熟劑不是萬靈丹，舉例來說，假設施打之後，胎兒在26週就提早出生了，肺泡成熟劑是有可能讓他的肺泡達到28至29週的成熟度，卻不見得能與足月出生的胎兒肺泡同樣成熟。

簡單來說，肺泡成熟劑只是一種預防性施打，有助於早產兒往後的醫療照護。

12 給曾經流產的妳

悲傷婦Ａ：「醫生，是不是因為我吃了薏仁湯，寶寶才流掉了？」

悲傷婦Ｂ：「醫生，是不是我坐在桌角旁才害寶寶流掉了？」

悲傷婦Ｃ：「醫生，我婆婆說我命中剋子，所以才保不住小孩。」

療癒林：「以上這些絕對都不是流產的理由，不要拿沒根據的謠言懲罰自己！」

▶ **思宏的OS** ◀

流產有時是不可避免的染色體異常狀況，絕對不是妳吃了什麼、做了什麼造成的！究竟要正面看待或者一直在自責的情緒中打轉，全看妳怎麼選擇。

對許多孕婦來說，打從知道懷孕的那一天起，就期待著孩子出生，即使孕期充滿了各種不舒服、不方便，還得面臨身體出現劇烈變化等狀況，但想到為了胎兒好，很多事情都甘之如飴。

如果說迎接健康平安的新生兒，是最欣慰的一件事，那麼，最傷心的事莫過於流產，根本沒有機會親手抱抱自己的孩子。也因此，「胎死腹中」是所有孕婦最擔心害怕的事情，畢竟胎兒在妳肚子裡，根本看不到他的動態，每次產檢又會間隔一段時間，平常只能依靠感受胎動來讓自己安心。

坦白說，流產聽起來很嚴重，但實際上流產過的女性比妳想像中還要多，比例大約在1/5 - 1/6左右，也就是每個女人每次懷孕卻流產的機率高達 15 - 20％。這當中包含了「還沒察覺懷孕就流產」的狀況，例如本身生理期不規則，即使出血了也誤以為是月經報到，根本沒察覺自己流產，還有很多女性遇到這種狀況也不敢講、不願意多說罷了。

醫界對於大週數流產的定義是「胎兒大於20週、超過500公克卻留不住」，但定義歸定義，其實無論週數大小，流產對於孕婦或家人而言絕對是種心理創傷，很多孕婦會怪罪自己，不停檢討是否哪裡有問題才導致胎兒流掉，是不是昨天移動了桌子？是不是隔壁鄰居在施工？是不是前天晚餐吃了什麼……不只如此，自己已經夠難受了，還可能要承受旁人的指責或壓力，根本就是雙重煎熬。

流產的各種理由我都聽過，但我想說的是，孩子先去當小天使已經是無法改變的結果，再多檢討、怪罪都無法扭轉事實，如果不試著採取正向的想法，往往會一直卡在迴圈中，很難走出這個創傷帶來的陰影。

一般來說，如果孕婦本身有自體免疫疾病，容易形成血栓、糖尿病導致血管功能較差，或是因妊娠糖尿病造成羊水太多、胎兒太大，這些情況流產的機率會比較高；此外，如果胎盤功能不良，也可能是突然胎死腹中的一項原因。這也是為什麼我一直強調要運動，因為運動可以讓血管變得更強壯有彈性，同時能夠改善胎盤功能，對於胎兒當然有助益，而且運動也有助於紓壓、放鬆心情，避免妳老是鑽牛角尖。

　　此外，我真心建議，假如妳曾經反覆流產，請妳務必要到醫院或診所做檢查，而不是無謂地檢討自己。這是因為，早週數流產的主因有一半機率是因為胚胎異常，例如染色體異常等等。我常常跟流產過的孕婦說，如果妳來檢查，我至少有機會證明「流產不是妳的問題」，不是妳誤吃生冷食物、不是妳提東西不小心、不是妳沒有顧好胎兒，因為一旦染色體異常的狀況發生，即使妳不吃薏仁、不深蹲，照樣會流產。況且，只要知道原因，下一胎能開心迎接新生命的機會就能大幅增加。

　　假如妳不願意做檢查，等於是完全放棄為自己發聲的權利。當旁人說妳太不小心，甚至攻擊妳是掃把星時，妳根本無法辯駁；再者，一旦妳不確定流產原因，很容易造成藥物濫用。

　　比方說，妳會猜測流產是因為本身的自體免疫疾病，或是甲狀腺異常等問題，接下來妳可能就會一直服藥，希望改善身體這些狀況，避免流產再度發生。可是，萬一原因並不是自體免疫疾病的問題呢？藥白吃了、苦白受了、眼淚白流了，而妳還是困在「都是我的錯」的懲罰裡。

　　沒有一個人活該要承受這種痛苦，包括妳。所以妳更必須擁

有正確的觀念與作法，才能避免讓自己永遠陷在情緒的泥淖中。身為一個婦產科醫生，我不但希望妳和孩子身體健康，也希望妳跟隊友（老公）是打從心裡開懷笑著，快快樂樂經營你們的人生與家庭。所以，別害怕談論流產，以正面心態尋求醫生的協助，了解原因、解決問題，健康的孩子會在下一次到來的。

胚胎異常

胚胎異常可分為三種狀況，除了本身染色體異常，還有著床位置異常以及結構異常。

「著床位置異常」的狀況包括著床在子宮頸或子宮角，或者著床於輸卵管，也就是子宮外孕，簡單來說，只要胚胎沒有著床於子宮腔中，都算是著床位置異常。

而胎兒的發育其實就像條生產線，假如在發育過程中出現問題，就會很容易出現「結構異常」，例如沒有頭骨等狀況。

以上三種異常都一定會造成出血，但未必會流產，因為像結構異常的胎兒就有可能長到很大週數。

4

好的產檢真的很不一樣

01 | 產檢就是這麼重要

焦慮婦：「醫生，檢查項目內容這麼多，到底哪些是我應該要做的？」

林醫師：「每一項都要做呀，沒有用處的項目是不會列出來的。」

焦慮婦：「那我預算有限要怎麼選擇呢？」

林醫師：「那妳月子少做幾天，或是少買幾件衣服給孩子就可以做檢查了！」

▶ 思宏的 OS ◀

我會建議生產的預算中，將產檢及營養補充排在第一，其次是尋找您中意的醫療院所生產，第三才是花在臍帶血儲存或月子中心的選擇上。

我還記得，幾年前有位媽媽在20週時照了超音波，發現胎兒竟然俏皮的吐舌頭，當時我們很開心胎兒剛好擺出俏皮的模樣，還拍了照；沒想到，25週再照超音波，胎兒還是吐著舌頭，我察覺不對勁，馬上告訴這位媽媽，她的孩子恐怕不是正常健康的胎兒。

　　經過一連串基因檢測後發現，原來胎兒患有一種罕見疾病叫做Beckwith-Wiedemann症候群，所以他其實不是俏皮的吐舌頭，而是先天患有巨舌症，舌頭收不回去，很容易在嬰幼兒時期引發生長過度或是癌症等重大疾病。最後這位媽媽選擇中止妊娠，雖然心情是複雜的，但是她很感激透過醫學檢測讓她提前知道孩子有異常狀況，而她擁有不讓孩子生下來受苦的選擇權。

　　其實每一項產檢項目都有存在的必要性，都是為了檢查出胎兒是否具有致命、或是影響一生的疾病，以最普遍的超音波及羊膜穿刺檢查來說，超音波能看見胎兒的外觀，卻無法確認基因狀況；而傳統羊膜穿刺能夠發現如唐氏症等染色體異常，可是有些微小缺失疾病卻沒辦法透過傳統羊膜穿刺染色體檢查發現，必須進行晶片檢查或全方位非侵入性染色體篩檢（NIPS PLUS）才能發現。比方發生機率1/3000 - 1/4000的狄喬氏症候群（Digeorge syndrome, 22q11.2 deletion syndrome），是最常見的微小缺失疾病，是一種傳統染色體檢查看不到的染色體微小缺失異常，必須仰賴羊水晶片檢查才有辦法診斷。

　　是的，在懷孕後，孕婦免不了需要接觸並進行大大小小的檢查，妳一定會想問：「我應該做哪些檢查？」坦白說，這個問題應該要問問自己。

　　產檢項目日新月異，醫療人員也不斷精進技術，但我認為

準爸爸和準媽媽也要一起成長，畢竟各種檢查項目做或不做的結果，都必須由自己承擔。所以建議可以多參考衛教文章、醫療院所所提供的資訊等等，先做功課確定自己希望做哪些產檢項目，而不是聽完醫生解釋完產檢項目後，還是滿頭黑人問號，期望醫師直接告訴妳答案，幫妳決定要進行哪些檢查。

就我的立場，當然建議產檢項目全做，畢竟如果產前檢查出重要異常，可以先做好心理準備將來可能面臨的問題，或是如果是嚴重的異常，有產前選擇的可能性，至少不是產後發現孩子有嚴重缺陷才後悔莫及，全家陷入痛苦之中。

也有小部分孕婦覺得診所是不是想賺錢，否則怎麼有這麼多產檢項目？也會疑慮，有需要為了看似機率極低的疾病再花一筆錢做檢查嗎？我知道很難決定，但還是那句話，請好好思考權衡需求，再自己決定。如果檢查後發現結果正常，那恭喜妳；不檢查，只能等孩子生下來，才能知道自己是否做了正確選擇。

想要什麼樣的檢查內容、願意為產檢花多少預算都關乎個人的抉擇，但我想提供一個方向供大家思考。目前所有關於胎兒健康的檢查項目，健保都沒有給付，也許很多人覺得全做很「肉痛」。但仔細想想，產後有時壓力大失心瘋買名牌推車、嬰兒裝，或者住月子中心、到婦幼展大掃貨花的錢，可能都遠遠超過產檢所需費用。這些事情固然重要，錢該怎麼花，也關乎個人價值觀，但確認胎兒沒有重大異常，無價。所以，我會建議生產的預算中，將產檢及營養補充排在第一，其次是尋找中意的醫療院所生產，第三才是花在臍帶血儲存或月子中心的選擇上。

在這個單元我會介紹幾種重要或常見的檢查，但並不代表我建議做或不建議做這些項目，請多參考衛教文章、診所資訊。

產檢建議自費項目及檢查時間

產檢建議自費項目	建議週數
第一次產檢常規抽血（IC41）	8-12週
合併初期基礎血清評估（肝、腎、糖尿病檢查）	
脊髓性肌肉萎縮症（SMA）基因篩檢	
甲狀腺功能篩檢：TPO抗體,TSH,free T4	
先天性感染篩檢（巨細胞病毒、弓漿蟲、IgG、IgM）	
母體過敏原篩檢	
X染色體脆折症篩檢	
第一孕期妊娠風險評估（SEARCH）	8-13+6週 抽血
第一孕期唐氏症篩檢＋子癲前症風險評估＋早產風險	
第一孕期唐氏症篩檢	
頸部透明帶＋軟指標檢查＋母血 PAPP-A,free ß-hCG	11-13+6週 超音波
早期子癲前症風險評估	
血壓、子宮動脈血流、PIGF、PAPP-A	
早產風險評估	
陰道超音波子宮頸長度測量	
頸部透明帶暨第一孕期結構篩檢（不含抽血）	
新世代非侵入性唐氏症篩檢（NIPS）	10週以上
全方位非侵入性染色體篩檢（NIPS PLUS）	
新二孕期四指標唐氏症母血篩檢	15-20週
羊膜穿刺技術費＋傳統染色體檢查	16-20週
基因晶片 a-CGH	
高層次(level II)超音波	20-24週
中晚期子癲前症風險評估（sFIt-1/PIGF）	20週以上
第二、三孕期早產篩檢（TVCL/FFN)	22週以上
75克妊娠糖尿病篩檢（75gm OGTT）	24-28週
加驗C型肝炎	24-32週
胎兒生長評估（胎兒超音波＋胎兒監視器NST）	24-34週
3D/4D胎兒彩色寫真	26-32週
百日咳疫苗	24-34週
流感疫苗	第二／三孕期 流感季節前
乙型鏈球菌（GBS）篩檢（IC47,48,49）	35-37週
羅氏(HPV)人類乳突病毒篩檢	
ACTIM破水鑑定試驗	
常規(level I)胎兒超音波	

非侵入性檢測（擔心侵入性檢測之流產及感染風險之孕婦皆適用）

檢測項目	檢測時間	檢測項目
第一孕期 唐氏症篩檢	11-13+6週	唐氏症 愛德華氏症 巴陶氏症
Harmony™ Test	10週以上	唐氏症 愛德華氏症 巴陶氏症 神經管缺損
NIPS	10週以上	全部23對染色體 5項染色體微片段缺失 • 狄喬氏症 • 1p36缺失症候群 • 小胖威利症候群(70%) • 天使症候群(70%) • 貓哭症
NIPS+	10週以上	全部23對染色體 20項染色體微片段缺失 • 狄喬氏症 • 1p36缺失症候群 • 小胖威利症候群 • 威廉氏症候群 • 天使症候群 • 史密斯-馬吉利氏症候群 • koolen-deVries症候群 • 貓哭症 • 18q缺失症候群 • 沃夫-賀許宏氏症候群 • 阿拉吉歐症候群 • Jacobsen症候群 • 遺傳性壓力易感性神經病變 • Rubinstein-Taybi症候群 • WAGR症候群 • Potocki-Shaffer症候群 • Miller Dieker症候群 • 1q21.1缺失症候群 • Kleefstra症候群 • Phelan-Mcdermid症候群 20種常見骨骼異常致病點位
羊水染色體檢查 + 羊水基因晶片		全部23對染色體 超過200種以上染色體微片段缺失或重複症候群

（資料僅供參考，欲知詳情請諮詢診所及醫師）

02 關於羊膜穿刺，
妳應該知道的事

天真婦：「醫生，做羊膜穿刺，寶寶會不會痛阿？」

淡定林：「蛤？羊膜穿刺只是抽取一些羊水，寶寶不會痛啊。」

天真婦：「真的齁，我很怕寶寶被戳到，生出來頭上有一個洞。」

淡定林：「……太太，妳清醒一點呀！」

▶ **思宏的 OS** ◀

羊膜穿刺只是抽取羊水的一個「動作」，接下來還是要依照孕婦需求進行不同的檢查，不代表做了羊膜穿刺就萬無一失！

從發現懷孕的那一刻起，所有孕婦最大的希望應該就是胎兒平安健康，在婦產科這麼多年，我接生過很多頭好壯壯的新生兒，當然也看過一些天生異常的孩子。在沒有心理準備的狀況下，生下天生異常的胎兒，對爸媽來說是一件極度心疼的事，對孩子而言，也是一段辛苦的路程。所以我一直強調產檢的重要性，也希望準爸媽可以多了解相關知識，並且確定該做哪些篩檢，盡可能避免手足無措、傷心淚流的情況發生。

　　我們先來聊聊羊水，當胎兒在孕婦肚子裡，羊水會撐開羊水囊，這個由羊水量撐出的空間足以讓胎兒活動，大約16-20週時羊水有400-500c.c.，臨盆之前則可達800-1000c.c.呢。破水時羊水流出，羊水囊會像破掉的水球般扁掉，基本上這是不會對胎兒造成太大影響的，只是胎兒活動空間會受到侷限，趕緊送醫就不必太擔心。

　　當然，很多人肯定都對於「羊膜穿刺」耳熟能詳，將一根細長針經由孕婦的肚皮、子宮壁，進入羊膜腔抽取一些羊水的過程，稱之為羊膜穿刺，懷孕16-18週是進行羊膜穿刺的最佳時機，羊水裡有一些胎兒脫落的細胞可以進行不同的檢查。

　　但並非接受羊膜穿刺後報告正常，胎兒就萬無一失，簡單來說，羊膜穿刺只是抽取羊水的一個「動作」，不能代表所有檢查結果，實際上透過羊水，妳可以知道更多關於胎兒的狀況。

　　抽取羊水最常見的目的是分析胎兒的染色體組成，但傳統染色體檢查無法篩檢出某些微小缺失疾病（例如狄喬氏症候群、貓哭症候群等等），就必須仰賴羊水晶片檢測，此外，如果準爸媽

雙方都有地中海貧血，或者其中一方有某一種單一基因疾病，也可藉由羊水進行該單一基因疾病的檢測。

　　也就是說，現代醫學技術可藉由羊水細胞進行的檢查，已經不限於傳統的染色體檢查，還可以進行羊水晶片或是其他單基因疾病的檢測，「羊膜穿刺」本身只是一個動作，並無太大意義，最重要的，還是後續選擇利用羊水做哪些檢查，這些檢查項目會讓羊膜穿刺有了不同的意義和作用。

03　晶片式全基因體定量分析

焦慮婦：「醫生，我做了羊膜穿刺染色體檢查都正常，是不是代表寶寶很健康？」

淡定林：「不一定哦，有些異常是傳統染色體檢查篩檢不出來的。」

焦慮婦：「那怎麼辦？」

淡定林：「透過羊水，還可以做晶片式全基因體定量分析啊。」

▶ **思宏的 OS** ◀

胎兒有些異常無法透過染色體檢查偵測得知，還是必須仰賴晶片式全基因體定量分析，或是進行單基因檢測才有辦法檢測出來。

還記得以前的生物課本嗎？大家應該都學過染色體跟遺傳的關係，也有不少人知道染色體數目異常會威脅胎兒健康，但妳可能不知道，「染色體微小片段缺失」也會造成胎兒的發育缺陷。

每個人身上有將近3萬個基因，這些基因分散在46條染色體上，傳統的染色體檢查主要是偵測染色體數目異常及大片段的構造異常，但受限於解析度，並沒有辦法偵測出染色體微小片段的缺失。因此，「染色體微小片段缺失症候群」的定義是「一段染色體片段的遺失，此片段可能包含了數個或數十個以上的基因，但由於片段太小，又無法被傳統染色體檢查所偵測得知」。(一般小於5MB的染色體缺失就無法被傳統染色體檢查檢測出來)

根據研究顯示，胎兒發生染色體微小片段缺失的機率和孕婦的年齡無關，每位孕婦都有可能生下染色體微片段缺失的孩子。而染色體微小片段缺失可能會造成孩子發育遲緩、生長遲滯、神經系統發育不全、智能障礙、學習障礙、癲癇、臉部特徵異常、心臟血管系統先天異常等疾病。

有鑑於傳統染色體檢查的受限，於是醫學界發展了晶片式比較全基因體定量分析術（Array Comparative Genomic Hybridization, aCGH），針對這一類「微小片段缺失症候群」提供解決的辦法。

基本上，進行基因晶片檢測（aCGH）可在懷孕16週後，與傳統產前染色體細胞檢查同時進行，檢體來源除了羊水之外，也可以利用血液、絨毛等進行產前基因晶片檢查。

而以下這些人及這些情況下強烈建議要做這項檢查：

1.高齡產婦。比起低齡產婦，高齡產婦染色體異常的機率高出一點，但只要透過基因檢測便可以排除風險，不需特別擔心。

2.有先天性異常的家族史的孕婦。

3.生過先天性異常的孩子，卻無法由傳統染色體檢查找到原因的孕婦。

4.超音波檢查出胎兒有構造異常，但染色體檢查正常，就必須仰賴基因檢測找出異常原因。

所有人都希望孩子健康平安，但有很多因素是我們無法掌握的，雖然目前的醫學技術還無法做到百分之百檢測出胎兒的異常，但是有些容易被忽略或遺忘的疾病，還是可以透過檢查提早被檢測出來，而我們也只能希望更進步的醫學檢測技術，可以讓醫護人員更有能力減少每一位爸媽掉眼淚的機率。

04 脊髓性肌肉萎縮症基因篩檢

診間對話

診間對話

焦慮婦：「醫生，我跟我老公四肢都很健全，寶寶應該也是吧？我真的好擔心喔。」

淡定林：「不一定哦，有些疾病帶因者不會發病，但是會遺傳，若碰到另一半也是帶因者，那就有 1/4 重症發病的機會。」

焦慮婦：「可是我所有檢查都有做！就算發現有什麼不對勁，都能治療吧！」

淡定林：「如果真的是致命性異常，不一定有機會治療，脊髓性肌肉萎縮症就是一個例子。」

▶ 思宏的 OS ◀

脊髓性肌肉萎縮症是一種致命性疾病，提早進行基因檢測，才能降低生出重症孩子的風險。

通常產檢篩檢出來的疾病或異常可分為兩類，一類是可治癒的，另一類則是致命的。如果檢查出胎兒有可治癒疾病，那準爸媽跟醫療院所就可提早做準備，讓胎兒能夠在適當時機接受治療；相反地，假如胎兒發生致命性異常，就必須考慮是否終止妊娠，減少生出重症孩子的風險。

舉例來說，脊隨性肌肉萎縮症(Spinal Muscular Atrophy, 簡稱SMA)就是一種具有致命性的遺傳疾病，屬於體染色體隱性遺傳疾病，是因脊髓的前角運動神經元(Anterior horn cells of the spinal cord)漸進性退化，造成肌肉逐漸軟弱無力、萎縮的一種疾病，發病年齡從出生到成年都有可能。當父母雙方都是帶因者時，每一胎就有1/4的機率生下罹患重症的孩子，而且帶因者的數量出乎意料的多，在台灣約每40人就有一位是帶因者，是帶因率僅次於海洋性貧血的遺傳疾病。

因為脊髓性肌肉萎縮症的高帶因率，加上目前還沒有具體的治療方式能夠治癒或減輕患者的症狀，造成家庭及社會的重擔，所以透過正確的篩檢流程與基因檢測，有助於降低此病狀發生的機率。

特別注意的是，由於帶因者一定不會發病，但是會有機會將異常基因傳給下一代，所以建議夫妻應該都要接受檢測是否為帶因者，最理想的狀況是能夠在懷孕之前或懷孕早期時就能確定夫妻是否為帶因者，如果答案是肯定的，夫妻雙方也能提早進行羊膜穿刺基因檢測來確定孩子是否為重症患者，避免在毫無心理準備的狀況下生出重症孩子，對整個家庭來說都是沈重的負擔。

如果夫妻雙方都是脊髓性肌肉萎縮症帶因者，是不是就沒有

100%生下健康兒的機會？答案當然不會這麼悲觀，現今醫學已經可以透過試管嬰兒的方式得到受精卵，再來可以進行胚胎著床前基因診斷(Preimplantation Genetic Diagnosis, PGD)的方式在受精卵時期即進行基因診斷，確定不是重症的受精卵在予以植入至母體內，就不會有生下重症患者的風險，詳細請諮詢您的醫師。

● 孩子，你健健康康就是我們最大的願望。

圖片提供／ Instagram@hanny_bobanny、@memywifeandmycat

05 | 高層次超音波

焦慮婦：「醫生，你還建議我做哪些檢查嗎？」

淡定林：「滿 20 週之後可以作高層次超音波唷。」

焦慮婦：「高層次？那有低層次啊？」

淡定林：「……」

▶ 思宏的 OS ◀

除了每次產檢的超音波，建議各位孕婦 20-24 週間
一定要做一次高層次超音波檢查喔！

很多人看到「高層次超音波」可能會滿頭問號，這跟產檢時做的超音波有什麼不一樣？平常產檢有做超音波了，還需要高層次超音波嗎？

　　我的答案是，高層次超音波是一門技術，由專業的醫師及技術人員透過高解析度的超音波儀器，在懷孕20-24週對胎兒進行一個全面性器官的篩檢及整體懷孕環境的評估，絕對是孕期間值得做一次的檢查。

　　高層次超音波檢查主要利用的是2D影像進行各個切面的檢查，3D超音波則是將無數2D的影像利用電腦經過計算後重組出立體影像，此時就可以清楚檢查胎兒的外觀有無異常，例如兔唇等等；至於4D指的就是將3D影像連續化形成的影片。

　　因此，高層次超音波比起一般超音波更可以仔細觀察胎兒的每個器官結構，除了頭、手腳等外觀，還包括心臟、大腦、腎等器官，如果有致命性的異常問題，當然也就能先讓準爸媽與醫師討論後續處理方式。

　　比如說，在高層次超音波檢查中發現胎兒心臟有問題，必須到醫學中心生產，可以安排出生後盡速讓新生兒接受手術治療；又或者，檢查發現一些染色體微小缺失疾病導致的異常，確認這類基因問題無法修復，此時孕婦就必須考慮是否要終止妊娠。

　　所以，高層次超音波檢查並不是隨便拿個機器往孕婦肚子掃一掃就好，其實有幾大方向要注意。

　　第一，要用夠好的機器，解析度高，電腦速度跑得快，並具有後製重組的功能。

第二，就像一個優秀的駕駛員才能將一部好車的性能發揮到極致，有了好的機器，也必須由專業的技術員或醫師進行操作，掃超音波不是一件容易的事，必須足夠專業才知道怎麼掃能仔細檢查胎兒是否兔唇，或者怎麼觀察心臟各個切面等等，所以慎選醫師當然就非常重要。

　　第三，要有足夠的時間，一般門診的時間根本不夠，頂多只能看看胎兒的頭圍、腹圍、腿長，如果妳希望醫師能夠仔細一一檢查胎兒的各個器官，就非常建議安排一次高層次超音波檢查，用多點時間好好了解一下胎兒的生長狀況。

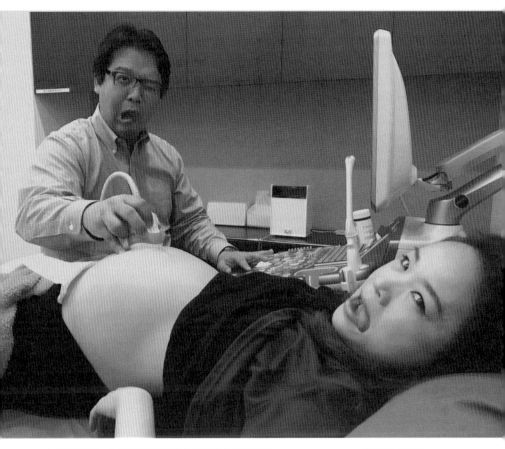

● 還記得第一次看到超音波裡心跳在閃的悸動嗎？

圖片提供／宋羚鳳

06 胎盤功能檢查
子癇前症風險評估

淡定林:「恭喜唷,寶寶出生了,妳要順便看一下胎盤嗎?」

生產婦:「好喔好喔!哇,看起來好新鮮喔!是粉紫紅色的耶!」

淡定林:「……我還沒聽過這種形容,但胎盤的確是孕育生命的重要功臣,當然要很『新鮮』啦。」

▶ **思宏的OS** ◀

子癇前症是常見的產科急症,不但影響胎兒也會危及媽媽,建議早期進行篩檢,就能早點預防!

如果妳有認真看這本書就一定會發現，我一直強調「胎盤功能」的重要性，這是因為胎盤負責傳遞母體的營養和氧氣給胎兒，同時也幫助排除代謝廢物，並且肩負起保護胎兒的重責大任，所以說胎盤是孕育生命的最大功臣，一點也不為過。

　　由於胎盤是胎兒成長的重要關鍵，所以一旦它的功能減退，就會造成胎兒生長遲緩、營養不良，甚至缺氧，影響腦部發育；同時，孕婦也會受到胎盤功能不良而引起子癇前症（又稱妊娠毒血症），這是對孕婦影響很大的產科併發症，相信很多人已經聽聞它的可怕。（參考 P.142）

　　雖然子癇前症是一種急症，但可以透過子癇前症風險評估早期篩檢（PIGF-PAPP-A）及中晚期篩檢（sFlt-1/PIGF），將風險降到最低。這兩種篩檢方式的目的並不一樣，早期篩檢最大目標是「有效預防子癇前症發生」，而晚期篩檢則是為了「掌握最佳生產時機」。

　　根據研究顯示，於第一孕期抽血檢測胎盤生長因子（PIGF）與懷孕相關蛋白質 A（PAPP-A），可以篩檢 80% 早發型子癇前症，如果搭配子宮動脈血流檢查及定期血壓量測，更可以有 95% 的篩檢率。簡單來說，早期篩檢就像是個超準的算命仙，妳可以透過預測結果儘早預防子癇前症的發生，文獻證實早期篩檢子癇前症高風險，透過服用阿斯匹靈及運動可以有效減少 80% 以上子癇前症的發生。或者至少可以延遲子癇前症發生的時間點，以免真的發生時驚慌失措，當然也盡可能減少極度早產對胎兒的影響。

　　如果妳錯過了子癇前症早期風險評估的時間，也不要太緊

張，這不是世界末日，還是可以在20-24週後進行子癇前症中晚期風險評估，預測未來一個月是否會發生子癇前症。懷孕中晚期子癇前症篩檢是檢測胎盤生長因子（PIGF）和可溶性血管內皮生長因子受體1（sFlt-1）的比值，這個數字要到懷孕中晚期才會產生變化，而中晚期篩檢便是藉由孕婦血液中sFlt-1/PIGF的比值來判斷胎盤功能不良的程度，如果小於38，表示未來一個月內發生子癇前症的機率極低；反之，如果比值大於38，表示胎盤功能有危及胎兒正常生長的問題，建議孕婦依照醫師指示進行後續治療。

我相信每個孕婦都真心希望胎兒一切健康，所以與其聽信亂七八糟的網路謠言，將自己搞得身心俱疲，不如聽取專業建議，為自己也為孩子做一次胎盤功能檢查吧！

O7 | 妊娠糖尿篩檢

崩潰婦A：「我嘴巴裡好甜好噁心啊～好想吃麻辣鍋～」

崩潰婦B：「天啊！喝糖水沒過！還要再喝一次！可不可以點『微糖』啊！」

崩潰婦C：「一定要等到1小時才能抽血嗎？我好餓……」

▶ **思宏的OS** ◀

一定要先分辨自己究竟是糖尿病或是妊娠糖尿病，
這兩種對於胎兒的影響是不一樣的哦。

喝糖水讓很多孕婦聞風喪膽，但我要再三強調，請孕婦們要先分辨自己是本來就有糖尿病，還是懷孕後才引發妊娠糖尿病。

簡單來說，孕婦本身有糖尿病，造成胎兒異常的比例較高，這也是為什麼我強烈建議大家孕前要先做健康檢查，如果確定有糖尿病，最好先控制血糖再準備懷孕。至於妊娠糖尿病則與胎兒異常沒有太大關係，而且可以藉由飲食控制改善，但有妊娠糖尿病的孕婦需要注意自己的身體（參考 P.90）。

要確認是否有糖尿病，得靠懷孕前的健康檢查；至於是否有妊娠糖尿病，則是應在懷孕 24-28 週期間，進行妊娠糖尿篩檢，也就是 75 公克葡萄糖耐糖試驗，這個檢查必須至少禁食空腹 6-8 小時以上，在正常狀況下，空腹血糖值必須小於 92mg/dl，喝糖水後 1 小時血糖值則必須小於 180mg/dl，喝糖水後 2 小時血糖值必須小於 153mg/dl，才符合標準。

以上這些數值為判讀依據，如果有任何一個檢驗值異常，就確診為妊娠糖尿病，接下來就得配合營養師及醫護人員進行飲食控制及生活型態的改變，如果調整後血糖值還是偏高，則必須依照醫師指示服藥治療。其實，飲食控制沒有大家想像中的痛苦，基本原理就是採用「醣類飲食代換」方式，幫助穩定血糖在目標範圍內，例如：不要餓肚子、吃飯定時定量，而且盡量減少攝取精製醣類，包括果汁、糖果、白稀飯、麵包等等。

每個孕婦需要的營養及分量都不一樣，只要乖乖按照營養師的指示，大多數人都能獲得改善，尤其我在診間還看過不少原本體重飆太快的孕婦，在進行飲食控制後，不但血糖值回到標準範圍，體重也默默下降了幾公斤，變成更健康的孕婦，當然也對胎兒更好了。所以，大家別再害怕喝糖水的大魔王囉！

08 | 乙型鏈球菌篩檢

診間對話

淡定林：「來，35週了，今天要做乙型鏈球菌檢查哦。」

害羞婦：「哎唷，可不可以不要做啊？我們這麼熟了，很尷尬耶！不然關燈好了，跟你那麼熟，燈開那麼亮看我下面很怪耶……」

淡定林：「……」

▶ 思宏的OS ◀

乙型鏈球菌是很常出現在陰道的菌種，有20-30%的產婦都有乙型鏈球菌的感染，對妳的陰道是正常的菌種，但對孩子的呼吸道就不是，不過產前施打抗生素時間滿4小時就無大礙，不用太擔心！

乙型鏈球菌是很常見的菌種，根據統計，大概有20%-30%的孕婦陰道內會存有乙型鏈球菌，一般狀況下不會影響孕婦本身，但胎兒分娩經過陰道時，可能會經由胎兒的呼吸道使胎兒感染，進而導致敗血症、肺炎等等。由於乙型鏈球菌可說是新生兒敗血症常見的病源，所以透過篩檢，可以針對高危險群的孕婦，在產前施打抗生素，降低胎兒感染乙型鏈球菌的機會。

目前研究認為，在孕婦陰道內的乙型鏈球菌菌株會隨著時間產生變化，因此建議距離生產日5週內的篩檢結果才具參考意義，所以大家也不用急著做檢查，等到35-37週進行篩檢即可。

篩檢的方式也很簡單，只需要在門診時，醫師以專門棉棒沾取外陰及肛門口的檢體送檢，如果結果呈現為陰性，則無感染之虞；相反地，如果呈現陽性，就代表孕婦陰道內存有乙型鏈球菌，但是不必太過擔心，只要在產前4小時開始施打抗生素，就能有效預防胎兒感染，不代表一定只剩下剖腹產的選項。

很多人或許會想，假如篩檢結果陰道內有乙型鏈球菌，是不是選擇剖腹產就完全沒問題？其實也不一定。如果還沒破水或進入產程，代表感染機率近乎於零，剖腹產的產婦就不必施打抗生素；相對地，要是在剖腹產之前就已進入產程，或破水超過18個小時，感染機率就會提高，這種狀況下還是要直接施打抗生素。

我常提到，滿39週催生是有好處的，就以降低胎兒感染乙型鏈球菌的機會來說，只要產前4小時開始施打抗生素，胎兒基本上不會有大礙，但重點是，妳永遠都不知道胎兒什麼時候想出生啊，所以，如果已經懷孕足月，特別是第二胎的妳，也可以選擇催生確定進入產程的時間，就能在最佳時機投藥，有效降低胎兒感染機率了。

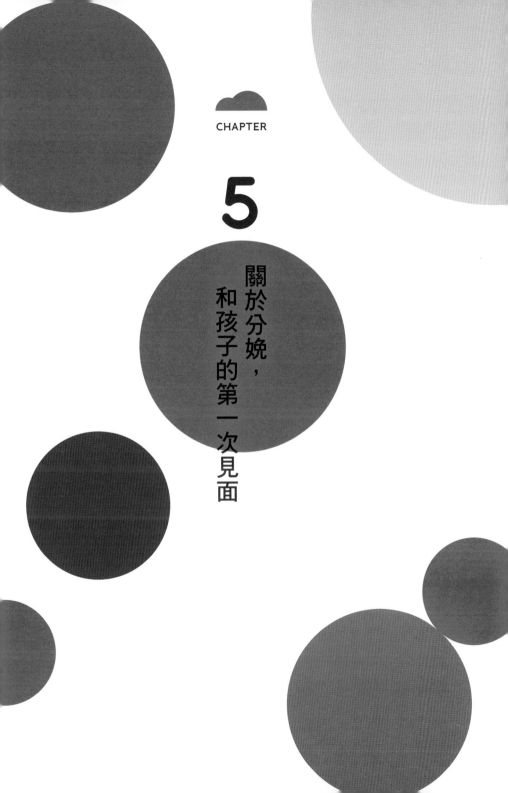

5

關於分娩，
和孩子的第一次見面

01 | 產前 37 週的哺乳準備

焦慮婦A:「醫生,我很怕到時候孩子出生我沒有奶耶!」

焦慮婦B:「醫生,我胸部小,奶會不會很少?」

焦慮婦C:「醫生,什麼時候可以開始擠奶?」

淡定林:「相信我,37週就可以開始擠奶!效果超好!」

▶ 思宏的 OS ◀

凡事都需要練習,坐月子都希望能夠有1個月左右的緩衝期讓妳可以適應如何當一個媽媽,哺乳當然也是,如果能夠也有適當的緩衝,妳的哺乳之路也會順暢很多,所以,產前37週開始擠奶好處多多!

妳沒看錯，我的確是告訴妳，孕期37週後就可以開始做哺乳準備、開始擠奶，而且好處比妳想像中多很多！

　　很多媽媽之所以產後出現母乳空窗期，是因為太晚練習、太晚開始擠奶，導致乳汁來不及製造，這也是為什麼，第二胎哺乳之路往往比第一胎順暢，不就是因為第一胎已經練習過了嗎？

　　產前就擠奶，可以提早刺激乳頭、乳暈，促進產前乳汁製造，有效提升泌乳量，而且產前擠出的奶水儲存後，生產後可以立刻用來哺乳，減少配方奶使用；最重要的是，可以提升準媽媽母乳哺餵信心，堅定母乳哺育信念，才不會生產後擠不出奶水，開始懷疑自己是不是胸部太小？是不是體質不好？還會自責讓孩子吃不飽、吃不好。

　　那麼，究竟該如何在產前進行哺乳準備？

　　懷孕週數滿37週後，找個時間，在溫水淋浴後或心情放鬆愉悅即可開始擠奶，由乳房的根部向乳暈的方向按摩，力道大概是捏黏土造型的力道，一次可以按摩10-20分鐘，若擠奶的量開始會滴了，才需要以滅菌空針收集擠出來的初乳冷凍儲存（建議使用3ml或5ml滅菌空針），待產時，可將早先擠出的奶水帶到分娩醫療院所，作為產後新生兒的營養來源。擠奶後，可用冷毛巾濕敷乳房，如果乳房有疼痛不適的感覺則須停止。

　　好啦，我知道孕婦大概會想問，產前擠奶會不會引起子宮收縮？會不會引發早產？讓我一一說明解釋。

　　首先，我的建議是「37週後」開始擠奶，因為滿37週本身就已經算足月，根本不會有早產問題。其次，就是我一直強調

的，子宮收縮不等於早產，就算一直收縮也不一定會早產。哺乳的確可能引起「假性宮縮」（參考 P.133），但這跟早產完全沒有關係。

最後，妳想想，很多正在哺乳的產婦又懷了第二胎，這時候哺乳需不需要停？繼續哺乳會不會造成早產？答案當然是不需要停下來，也不會造成早產，因為哺乳本來就是非常自然的行為，身體在哺乳期間會分泌泌乳激素，但這完全不會影響胎兒，所以孕中可以繼續哺乳是沒問題的，這些孕婦也順利生下第二胎。因此，不管是第一胎懷孕滿37週就先開始練習哺乳，或是懷了第二胎但還在繼續進行第一胎的哺乳，都是安全的行為，只需要注意，懷孕期間孕婦的母奶量會變少，需要注意第一胎，也就是老大的副食品營養補充。

所以說，產前擠奶跟早產一點關係都沒有，胸部大小跟奶水多寡也完全沒關係，與其聽街頭巷尾六嬸婆三姑媽講，不如相信實證醫學，妳的哺乳之路會不一樣！

02 ｜ 自然產還是剖腹產？
以人為本最好

焦慮婦：「醫生，自然產和剖腹產哪個比較好？」

淡定林：「兩個都很好啊，那妳想要哪一種方式？」

焦慮婦：「蛤？可以選哦？」

淡定林：「當然可以！欸，孩子是妳的，也是妳要生，我很樂意跟妳討論妳的想法，而不是我說什麼、妳做什麼，我又不是妳長官對吧！」

▶思宏的 OS ◀

不管是自然產或剖腹產，重點是，只要確認安全，傾聽妳心裡的聲音，妳想要的方式就是最好的方式。

「自然產還是剖腹產好？」這是我每天在診間都會被問到的問題之一。

「那妳想要什麼方式？」每次我也都會如此反問回去，這時候大多數的孕婦都會愣住，因為她們並不知道，在正常情況下，原來可以自己決定想要什麼樣的生產方式。

目前，台灣剖腹產與自然產（又稱陰道生產）的比例為1比2，沒有哪一個比較好、哪一個風險比較高。而世界衛生組織的文獻或研究中，也並沒有規定一個國家該達到多少剖腹率才算是正常，也就是說，自然產或剖腹產並無優劣之分，兩者都很好，但也都有各自的風險。

一般來說，自然產也不全然是大家想像的這麼美好，自然產可能會留下漏尿、肛裂、陰道鬆弛、生產創傷等後遺症；而剖腹產雖能在一切就緒的狀態下進行，但也有可能導致腸粘黏或腹腔粘黏，而且下一胎需要剖腹的機率也較高。

至於術後恢復速度也因人而異，雖然大致上，剖腹產的恢復期會較自然產多上1-2天，但我也時常看到剖腹產後隔天就下床趴趴走的產婦，所以真的沒必要在別人的生產經驗或自以為是的意見中迷失方向。

還有些人認為自然產對胎兒的健康比較好，實際上就我觀察，有些肺部成熟度較弱的胎兒，在剖腹產後的確會比較喘，但經過短暫的治療後不會有太大差異，也就是說，長遠來看，自然產或剖腹產對於胎兒的健康不會有明顯影響。

簡單來說，這是妳跟丈夫共同面對的問題，只要妳們夫妻倆都喜歡且能接受，就是最好的生產方式。不過，我相信整個孕期

妳一定會聽到四面八方的建議，比方會有親屬朋友跟妳說胎位正就自然產，否則違背自然法則等等。但我想說的是，別人口中的「比較好」，只是他們個人的單一經驗，並不能代表妳的個人意願。旁人認為的「比較好」，對妳「不一定比較好」。畢竟，身體是自己的，妳何必在乎別人怎麼想，媽媽婆婆怎麼說，五嬸婆或六叔公怎麼建議，或者上網查詢網友怵目驚心的分享，最後更不知道該如何選擇生小孩的方式呢？

　　所以，對我來說，雖然擔任婦產科醫師十幾年了，還是時時刻刻提醒自己，千萬不要抱著「妳有生的比我多嗎？聽我的就對了」的心態。因為我深深覺得足夠尊重產婦的決定，能夠傾聽孕婦對於生產方式選擇的醫師真的不多，願意仔細閱讀孕婦生產計畫書的醫師更是少之又少，如果醫師本身沒有意願尊重產婦對於生產方式的選擇，那產婦有任何想法都是枉然。

　　例如，現在有越來越多人選擇水中生產或是居家生產，對我來說，這種情況跟選擇自然產或剖腹產並沒有什麼不同。除了提供專業建議、協助及評估之外，對於孕婦的意願及選擇，我都採取支持與尊重的態度，並且扮演好風險控管的角色，希望每一位孕婦在辛苦的懷胎生產之外，能夠擁有快樂自主的孕期，開開心心迎接新生命。

　　相對地，孕婦應該要有自己的想法，而不是全部交由醫生決定，也必須負起責任，承擔妳的選擇所帶來的風險，這才是健全成熟的醫病關係。這些，單靠醫師或醫療院所是辦不到的，需要大家一起努力。包括：健保應該考量給予自願剖腹產與非自願剖腹產相同給付，別區分自願或非自願剖腹（除了自願剖腹產，另

一部分可能因為胎位不正、前置胎盤、胎兒太大、胎兒窘迫等狀況必須採取的剖腹產，在現在劃分屬於非自願剖腹產），不要再引導「自然產才是正常方式」的觀念，讓惶恐的孕婦們抉擇更艱難。畢竟，並沒有研究證實剖腹產併發症比較高。

寫了這麼多，無非是想表達，所謂「以人為本的實證健康照顧」，不外乎就是產婦要先有自己的想法，醫師願意尊重產婦的想法並協助完成，而且健保不要無理核刪、保險通通給付。

等到這幾點都具備了，我們才有資格大聲說整個醫療環境確實是「以人為本」呀。

自然生產又分這幾種

目前自然生產，包含了以下幾種方式：

1. 完全自然生產，不依靠任何外力介入，自然將孩子生出。
2. 在自然產過程中，使用產鉗或真空吸引，使得孩子順利產出。
3. 水中生產，盡可能減少醫療介入，在水池中將胎兒娩出。
4. 人性化生產（溫柔生產），盡量不使用醫療協助，靠自己力量生產。
5. 居家生產，請助產士到家中協助生產。

至於剖腹產，又可依手術方式分為傳統剖腹及腹膜外剖腹，將在下一篇中解釋。

樂孕

03 | 腹膜外剖腹 v.s 傳統剖腹

猶豫婦：「醫生，我決定了，我要剖腹產！」

淡定林：「好哦，那妳想要腹膜外剖腹產還是傳統剖腹產？」

猶豫婦：「我花兩個禮拜才決定要剖腹產，你再給我兩個禮拜想想⋯⋯」

▶ **思宏的OS** ◀

任何一種生產手術都存有風險，建議準爸媽們一定要先詳細了解再決定！

妳可能不知道，剖腹產其實還分腹膜外剖腹和傳統剖腹法；還有，可能妳曾經採取腹膜外剖腹，經驗非常美好，想推薦給其他孕婦又不知道怎麼解釋，來，接下來就用最簡單的圖搭配比喻讓妳一目了然。

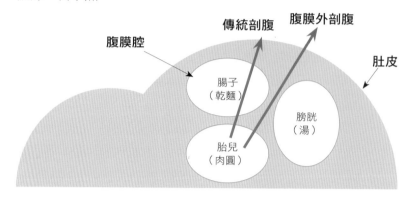

　　大家長這麼大都要當爸媽了，卻可能還不了解身體裡有哪些器官，沒關係，用比喻得最清楚！第一步，先看看上圖，想像自己去買了碗湯、一份乾麵以及一袋肉圓，一起放在購物袋裡。基本上這個購物袋就是孕婦的腹腔，用塑膠袋裝著的湯代表膀胱，乾麵就是腸子，而肉圓就是胎兒囉。而剖腹產，就是打開購物袋（腹腔），然後將肉圓（胎兒）取出來的過程。

　　傳統剖腹產會先拉開肚皮，然後直接穿過腹膜腔把胎兒拉出來，這個過程就像將購物袋打開後，直接穿過乾麵的袋子，再穿過肉圓的袋子，然後循原路徑將肉圓拿出來，此時乾麵已經不再是原本的乾麵，而是一碗肉圓口味的乾麵。

　　沒吃過肉圓也看過肉圓的妳一定知道，沒有醬汁蒜泥的肉圓就沒有靈魂（開玩笑），當肉圓穿過乾麵袋子被取出的時候，醬汁勢必會沾到乾麵上，這其實就是說，當胎兒穿過腹膜腔時，

他身上的血水、羊水和空氣一定會進到腹膜腔沾染到腸子，所以即使手術完成後將腹膜腔補起來，但肚子裡面腸子沾到的血水羊水就只能等身體自行吸收，這也是為什麼剖腹產較容易產生腸沾粘、脹氣等問題，而且這種剖腹方式術後的恢復期也比較久。

至於腹膜外剖腹則是將肚皮打開後，從膀胱與腹膜腔之間的空隙取出胎兒，也就是說，這種手術方式不會破壞乾麵的袋子，肉圓的醬汁只會沾到購物袋，沾到怎麼辦？很簡單，拿布擦一擦，乾麵還是一碗好乾麵啊！不會有肉圓的味道！

簡單來說，透過腹膜外剖腹的方式，可以保持腹膜腔的完整，胎兒的血水羊水不會停留在腹膜腔內，藉由抽吸或紗布就可以清理乾淨，當然也就不會產生腸沾粘的問題。

有人會問，腹膜外剖腹會不會比較容易傷害到膀胱？其實並不會。因為胎兒在肚子裡，會將腹膜腔整個往上頂，所以手術時打開肚皮後，只要將腹膜腔的反摺往上一撥即可，若腹膜外剖腹產經驗豐富的醫師小心謹慎，就能避免傷害到腹膜腔和膀胱。

既然腹膜外剖腹看起來比較沒有後遺症，為什麼還是很多人選擇傳統剖腹產？實際上，是因為會以腹膜外剖腹進行手術的醫師目前並不多，再加上傳統剖腹方便、快速又簡單，所以目前大部分醫師還是都採用傳統剖腹方式，並不是因為腹膜外剖腹會增加手術風險或新生兒的風險。所以，如果看了我的比喻，除了肚子有點餓，同時又想選擇腹膜外剖腹產，記得要問清楚醫師是否能符合妳的需求，也確認自己是否適合進行腹膜外剖腹產。

另外，雖然我認為腹膜外剖腹產好處多多，但這不代表百分之百保證無風險，因為每一種手術都有其風險存在，還是請準爸媽要做好功課，了解之後再做決定。

剖腹產傷口比較凸？

很多剖腹產的產婦傷口癒合後，發現疤痕是凸起來的，就認為是自己蟹足腫體質造成，事實上並不盡然，多數的狀況只是肥厚性疤痕，跟體質無關。

事實上，剖腹產容易比較凸、留下明顯疤痕的原因在於，傷口所在的下腹部肌肉張力很強，舉凡走路、左右轉、起身等等許多日常動作，都會用到腹部肌肉的力量。

再說，剖腹產傷口是在懷孕的狀況下造成的，懷孕本身就會產生很多的生長因子，所以懷孕造成的傷口，本來就很容易產生結締組織，也就是疤痕。

相對地，自然產傷口所在的會陰部，則因為沒什麼張力所以不會長疤，至少，妳應該常聽到剖腹產的傷口疤痕護理的資訊，卻很少人問自然產傷口疤痕的問題吧！這也是為什麼有許多照護方式、預防疤痕產生的產品，例如疤痕貼片、除疤凝膠等等，都是針對剖腹產傷口。

老實說，有效預防疤痕增生最好的方式就是減少肌肉張力，但這很難做到啊，難道要不笑不走路嗎？所以，疤痕一旦形成，通常只有透過醫美手術才能看到較明顯的成效，否則，嗯，就是告訴自己不要對這愛的印記太在意了！

04 | 剖腹該看的時辰是……

執著婦：「醫生，我剖腹產時間有看時辰耶。」

淡定林：「好啊，什麼時候？」

執著婦：「午夜00:01分要生出來，這樣是總統命格耶。」

淡定林：「總統……妳是愛他還是害他啊？」

剖腹林：「哇，妳真會選日子耶，在爸爸節生女兒送給先生父親節禮物。」

被剖媽：「是我老公選的啦！他心機重，這樣以後她女兒只能跟爸爸過父親節，才不會跟野男人去過生日。」

剖腹林：「啊？……」

▶思宏的 OS ◀

其實選擇剖腹產是該挑時間，但可不是讓孩子「好命」的時間，是適合生產的時間！

選擇剖腹產，大家最關心的應該是該什麼時候把孩子生出來？站在專業角度，我建議只要預產期前 10-14 天內都沒問題，至於哪個時辰生可以當總統、幾點幾分出生才可以跟我一樣俊俏又幽默……這些問題我愛莫能助，就要請準爸媽們自己去諮詢專業人士，看是要合八字、算筆畫、卜米卦都好，不過這些不在醫院的業務範圍啦。

我想提醒的是，在考慮剖腹生孩子的時間時，除了孩子好不好命，更重要的是得考量到每間醫療院所的人力資源配置，畢竟各家醫院不盡相同，如果可以，盡量避開假日或晚上，或者避免醫護人員交班的時段，生產過程能安心許多，這才是更應該考量的「生產時辰」。

另外，這邊也想提一個觀念，很多人以為，如果曾經剖腹產，往後懷孕只能一路剖下去，其實不盡然，下一胎能否嘗試自然產，要先評估過去剖腹產的原因。

坦白說，曾經剖腹產的孕婦，下一胎自然產過程中發生子宮破裂風險的機率達 1/100，可能會造成胎兒缺氧、窘迫，所以目前的醫學文獻都是建議不要嘗試。但假如妳真的非常想體會看看自然產的感覺，請先視上一胎剖腹的原因，再進行評估。

例如，上一胎純粹是因為想看時辰而自願性剖腹，那這胎當然可以試試看自然產；或者上一胎是因為胎位不正、前置胎盤導致必須剖腹，這一胎卻沒有上述現象，能夠嘗試自然產成功的機會當然就比較高。

相對地，如果前一胎因為產程遲滯讓妳吃了「全餐」，我建議孕婦這胎還是乖乖剖腹吧，同樣的折磨不要再重覆一次；或者

上一胎3000克生不出來，所以必須剖腹，現在這一胎3600克，這種狀況下，就別嘗試了吧！做人何必明知山有虎偏向虎山行呢？

術後止痛是什麼？

術後止痛多用於剖腹產後，最常見的幾種止痛方式及效果依序如下：

1. 硬脊膜外病人自控式止痛（PCEA），這項止痛可以維持藥物血中濃度，並且可以依照使用者疼痛及需求，自行按壓給予自控式止痛的藥物。

2. 硬脊膜外注射止痛法，是經由硬脊膜外導管，每隔12小時給予長效型止痛藥物。

3. 靜脈點滴自控式止痛（IVPCA），則是從周邊靜脈點滴給予止痛藥物，效果較硬脊膜外給予止痛藥物要差很多。

提醒！以上這幾種止痛方式都必須自費，基本上健保只有補助吃止痛藥而已。

05 ∣ 人性化生產

恐懼婦：「醫生，生產時是不是一定要剃毛、灌腸？」

淡定林：「不一定啊，妳不想要可以不要。」

恐懼婦：「可是我媽說沒剃毛、灌腸，寶寶容易感染耶。」

淡定林：「現在是妳要生，不是妳媽要生啦。」

▶ **思宏的 OS** ▶

醫師可以尊重妳想要的生產方式，但也請孕婦尊重醫生的專業判斷，這才是人性化生產最可貴的地方。

剃毛、灌腸、剪會陰……這些別人口中繪聲繪影的生產過程，總嚇得許多孕婦不想面對生產那一天，好像生個孩子就得被迫接受這些對待，但現在，妳其實有權利選擇更溫柔、更貼近妳需求的「人性化生產」。

上一代對於生產有許多迷思，例如得先剃毛、灌腸，否則胎兒跟著產婦排泄物一起出來很容易感染；或者是子宮頸全開時，醫護人員可能會粗魯的壓肚子、推肚子，這類近乎「不把產婦當人看」的手段，只為了把孩子生出來。

但實證醫學已經證實，剃毛、灌腸、壓肚子等等舉措，並沒有必要性，逐漸便衍伸出「人性化生產」，也可稱為「溫柔生產」，意指盡量減少醫療介入，依舊能達到生產的目的。

我想，無論上一代或這一輩，當然都希望孩子能健康平安出生，所以大家會你一言我一語提供建議。但是，孕婦才是生產的主人，真正在乎的不是痛不痛、累不累，而是生產時被尊重的感覺。而人性化生產，就是希望能夠尊重每一位產婦的不同想法，雙方一起完成愉快的生產過程。

所以我建議各位孕婦，對別人的你一言我一語可以充耳不聞，但一定要傾聽自己的聲音，先思考自己想要什麼生產方式，跟隊友（老公）討論過後，可以提出一份「生產計畫書」跟醫生討論。

在這份計畫書中，妳可以告訴醫生，生產時是否接受灌腸、剃毛？是否接受推肚子？要不要剪會陰？待產時是否願意接受胎心音監視？甚至是，妳要無痛分娩，還是選擇完全自然的生產方式？明確表達妳的想法，才不會因為孕婦沒想法，醫生就只能選

擇用最大眾化的生產方式，而那不一定是妳喜歡、想要的。

　　說穿了，人性化生產就是一個醫病雙方互相尊重的概念，一旦孕婦有任何想法與計畫，醫生都必須尊重；相對地，孕婦也必須尊重並相信醫生的專業判斷，畢竟生產過程很容易出現突發狀況，一旦醫生認為有必要醫療介入，妳必須配合，因為這是為了妳和胎兒的安全著想，總不可能如果生產後大出血，還堅持不要醫療介入吧！這就失去人性化生產的意義了。

06 產兆來了

焦慮婦：「醫生，我好像高位破水了，是不是快生了？」

淡定林：「沒有啦，妳那是低位沒破水。」

焦慮婦：「低位沒破水？那是什麼？會影響到寶寶嗎？」

淡定林：「太太，不要激動，我是跟妳開玩笑的，破水沒有高低之分，妳是根本沒破水，只是分泌物變多了。」

▶ **思宏的 OS** ◀

破水是相當重要的產兆之一，但是破水就破水，並沒有「高位破水」或「破一個小洞」這種說法。

到了懷孕後期，什麼時候會出現產兆，恐怕是大多孕婦既期待又緊張的一件事。坦白說，目前醫學界還是不知道，究竟什麼原因會引發產兆，否則一旦知道原因，當然就能預防早產等諸多問題。

一般來說，規則陣痛、破水、落紅三種狀況都是產兆，基本上只要有一個狀況出現，就意味著即將進入待產，不一定三個產兆得同時出現。「陣痛」指的是5-10分鐘陣痛一次，而且每一次收縮都會伴隨著疼痛，甚至痛到說不出話來。

在產兆之中，破水的發生占了一半以上，「破水」指的是羊膜破裂，陰道有大量且持續性的出水或分泌物，至於網路謠傳什麼「高位破水」，翻遍各大文獻，「高位破水」這說法少之又少，說穿了破水就是破水，並沒有高低之分。網路謠言說，高位破水的形式像涓涓細流，其實並不是，那通常只是分泌物，真正的破水一定是像水龍頭大開那樣「共共流」，哪來這麼含蓄的破水法。

還有，破水許多時候都是透過石蕊試紙來做檢驗，因為陰道分泌物是酸性的，而羊水是鹼性的，所以用石蕊試紙檢驗若有羊水的成分應該會變成藍色的，但這樣的檢測本來就有很多的干擾因素存在，譬如出血就整張試紙變成血色，那就無法判斷。現在針對破水與否，有更精確的檢測方式，叫做 Amnisure 篩檢，藉由篩檢羊水內一個特殊的蛋白質「placental Alpha Microglobulin-1 (PAMG-1) protein」，來進行破水的確認，準確度極高且可以避免感染、出血等對篩檢準確性的影響。

很多孕婦擔心破水後，子宮會擠壓到胎兒，基本上胎兒此時

已經發育成熟，即使羊水流出，子宮腔也只是像個破掉的水球，還是有足夠的空間，短時間內不會對胎兒造成影響，只要趕快就醫便沒問題。只是有時候破水是感染引起的，所以在哪個週數破水就很重要。

假如在25-28週破水，就有可能是感染引起的，需要積極安胎，希望胎兒再更成熟一點；但羊水已經破了，子宮內部呈現內外相通的狀態，胎兒等於處在相對容易感染的環境中，所以醫師會仔細觀察孕婦有沒有發燒？陰道分泌物有沒有臭味？白血球有沒有上升？並且抽血檢查，才能評估是不是因為感染所引起的破水，以利於後續處理。至於34週後破水就不再進行安胎，而且會盡量在24小時內生產，這是為了降低胎兒的感染比例。

至於「落紅」的成因是，本來有個血塞（blood plug）堵在子宮頸，子宮頸就像不通的水管。快生了的時候，血塞會鬆掉，不通的水管突然暢通了，此時會出現咖啡色或紅色的分泌物，也就是落紅。

不過，落紅出現後不一定立即進入待產，但大概一週內會生產，簡單來說，落紅也是產兆的一部分，但不一定需要馬上就醫；相對地，假如是出現大量鮮血，則應該立刻就診，這種大量出血跟不正常出血的狀況和落紅不一樣，是指如果達到15-20分鐘就必須換一次衛生棉的量，還可能會有胎盤剝離的危險，需要趕緊就醫評估出血原因。

07 分娩的過程

診間對話

焦慮婦：「醫生，我朋友懷孕期間很愛深蹲，自然產咻～一下就生出孩子了耶。我是不是也該試試。」

淡定林：「運動很好啊，而且什麼運動都好，量力而為最重要。不是一直做深蹲就超好生，但有運動一定會比較好生。」

焦慮婦：「蛤，可是我真的很緊張，怕自己到時候生不出來。」

淡定林：「好不好生沒有絕對，心情放輕鬆最好生啦！」

▶ 思宏的 OS ◀

對分娩過程有基本認識後，就別擔心東擔心西的，好不好生都是到生的那一刻才知道，孩子會用他想要的方式出來跟妳說「嗨」！

整個分娩過程，可以分為四大階段：

第一產程：子宮頸打開～子宮頸全開（約10-14小時）

第二產程：子宮頸全開～孩子出生（約2小時）

第三產程：孩子出生～胎盤娩出（約30分鐘）

第四產程：胎盤娩出～生產後兩小時觀察（約2小時）

講到這裡，妳可能很好奇常聽到的「開兩指」、「全開」是什麼意思，簡單來說，一指等於2公分，開五指就是全開，也就是10公分。所以常常會聽聞有些孕婦感覺快生了，跑到醫院卻被退貨的情況，那不是醫護人員太無情，而是因為子宮頸根本還沒開，加上還沒破水，離生產的時間可能還遙遙無期呢。

在生產之前，也許旁邊有人會提醒妳太矮、太肥會很難生，或是屁股比較大，就被猛誇讚一定生很快，講句實在話，孩子生不生得出來，要到生的那一刻才知道，什麼太矮不好生、屁股大很好生，根本沒有絕對，大家聽聽就好。

關於胎兒能否順利產出的重點，這裡提供「3P原則」給準爸媽們參考：

1.Power：生產時，子宮收縮的力道很重要，如果收縮不夠密集、無力，就有可能需要催生增加力道與頻率，或是請孕婦起來走走、坐坐產球，增強子宮收縮力道。

2.Passenger：指的是胎兒的大小與姿勢，太大的孩子生產產程就會拉比較長，頭也不一定有辦法卡得進骨盆腔，所以胎兒的大小跟你的身體必須要能夠對稱才有辦法順產；生產時，胎兒頭朝下、面朝尾椎側，就是標準的姿勢；如果胎兒頭向下、面朝上，就是稍微胎位不正的狀況，這時候就需要孕婦改變一下姿

勢，讓胎兒轉為正胎位，也就是趴著的胎兒是最好最正確的胎位。

3.Passway：指的是胎兒通過的產道，如同我前面說過，太胖的孕婦產道較狹窄，這些都可能影響到生產過程，不過嬌小孕婦自然產出4000克以上新生兒的大有人在，世事無絕對啦！

說了這麼多，只是希望讓孕婦對於分娩有了基本認識，最後要提醒大家，子宮頸打開的時候，千萬不要太過緊張，減少無謂地體力消耗，記得放輕鬆就好，生產過程就能順順利利，等著孩子出來跟妳say Hello！

08 無痛分娩，
讓產程美好一點

焦慮夫1：「醫生，我做無痛結紮要全身麻醉！」

焦慮夫2：「我結紮時要完全睡著！拜託不要讓我有感覺！」

焦慮夫3：「醫生，結紮時，在場會有女生嗎？我如果覺得痛是不是很丟臉。」

傻眼林：「……這麼小的刀都要求全麻，你們應該向老婆深深一鞠躬，因為生孩子真的需要很大的勇氣，好嗎？當然，你們還是可以選擇全身麻醉，我不會笑你的。」

▶ 思宏的OS ◀

女人真的很偉大，所以沒人有資格左右她們要怎麼生產，要不要打無痛，或者要睡著還是醒著，包括老公。而怕痛的產婦，請放心使用無痛分娩，會讓妳有個美好的產程！

怕痛？誰不怕？孕婦也是人，誰說生孩子一定要痛得呼天搶地踹老公？相信各位女性從小就耳聞生小孩有多痛，即將面臨生產的妳，如果對於未知的產痛有恐懼，我百分百支持產程中使用無痛分娩（epidural），能夠緩減陰道生產中至少90％的疼痛不適，讓產程格外順暢，保證妳不怕再生一個。

　　無痛分娩是一種醫療方式，在確定進入產程後，由麻醉醫師從妳的脊椎末端在硬脊膜外注入麻醉劑，劑量會隨著產程進度調整。無痛分娩跟剖腹產的硬脊膜外麻醉方式是一樣的，只要是由合格專業的麻醉醫師操作執行，絕對沒有疑慮，也很少有後遺症，僅有少部份全程使用無痛分娩的產婦會有尿不出來的狀況，需要暫時的導尿，但約1天就會恢復正常。所以，無痛分娩適用於大多數的人，只有部分凝血功能不正常的孕婦才不能使用。

　　有些人以為子宮頸必須開到兩指（4公分）才能施打無痛，一旦全開就得關掉，否則產婦會不知道如何用力，導致生不出來。實際上，只要確定進入產程就可以開始使用，而且我建議子宮頸全開後更應該持續使用，而不必減少無痛分娩的藥物劑量。

　　使用無痛分娩，還是可以掌握子宮收縮的狀況，有使用過的產婦應該都可以體會，需要用力的時候並不會真的完全使不上力，反而是一種很真實的存在感，依舊可以與自己的身體對話、可以體會胎兒從高到低，從內到外，一步一步緩緩下降，直到胎頭娩出的感覺，不會被痛覺完全掩蓋。很多孕婦生完之後都反饋說：「這種感覺好棒好真實！」而且就我的觀察，因為減緩了疼痛，讓身體較為放鬆，整個產程反而更快、更順暢，不會有「生不出來」的問題。

不過要提醒大家，雖然我個人支持全程使用無痛，但目前不是人人都採用這種做法，所以建議還是與妳的醫師討論清楚。

關於無痛分娩最盛行的「都市傳說」，當然就是「使用了以後會腰痠」，老實說，根據醫學統計，不管有沒有使用無痛分娩，生產後腰痠的機率達20%-25%。這是因為生產的時候，胎兒會擠壓到骨盆腔，骨頭的角度會受到影響，甚至導致骨頭或關節移位，這也是為什麼有些產婦生完後覺得自己屁股變大了。妳想，身體經過這麼劇烈的變化，如果核心肌群不夠力，當然就容易造成腰痠背痛了。所以說，產後腰痠其實跟打無痛根本沒有正相關，可能是因為施打麻醉時是由脊椎注入，才容易與腰痠聯想在一起。

想要避免腰痠問題，建議孕婦們不只孕期間要好好鍛鍊自己身體肌肉的耐受力，生產過後更不能怠惰，畢竟身體是妳自己的，當然要持續對自己負責。

最後提醒一下各位孕婦的隊友（老公），如果你希望老婆還肯生下一胎，無痛分娩的錢千萬不要省，有了美好的產程經驗，就不怕老婆不肯再生一個啦。

09 | 給老公的陪產心靈須知

診間對話

天兵夫 A：「靠，醫生，下面怎麼完全沒遮啊？！」

淡定林：「有啊，我有穿褲子怎麼沒遮。」

天兵夫 B：「醫生，現在孩子是要從我太太下面擠出來
嗎？」

淡定林：「啊不然咧？」

天兵夫 C：「唉額～～小孩怎麼會動～～～」

淡定林：「現撈欸啊，當然會動！」

▶ **思宏的 OS** ◀

**陪產，可不是生完就沒事了，對老婆的愛要一直持
續下去哦！**

接生過這麼多小孩，接觸過很多孕產婦，當然也在產台前看過很多陪產的隊友（老公），有些行為真的令我匪夷所思，要嘛是產婦在用力，他老兄在旁邊打手遊；要嘛就是產婦痛得死去活來，他在旁邊睡得像個天使……諸如此類的行為，有時真的好想用力搖晃他肩膀，問問產台上的究竟是不是他老婆。

各位先生、老公、隊友，並不是我刻意要搏什麼好男人的美名才提醒你們這些，而是對你們夫妻來說，迎接新生命真的是人生中相當重要的過程，即使無法代替老婆生產，但至少給她一點正面力量好嗎？

如果對你而言，陪產不過是一起進產房，累的時候就呼呼大睡，別怪你在老婆心中被貶為僅僅是「捐精者」的地位，以後的最大功能就是當行動ATM，孩子一看到你就哭。

老婆在產台上出生入死，你可以一邊記錄生產過程，協助記錄孩子出生的時間、體重，檢查有無異常。不管是親眼目睹或拍照、攝影記錄，我相信這對你來說，都具有很大的意義。

況且真正參與了生產過程，你才會知道產婦有多辛苦、多偉大，以後老婆刷你的卡血拼的時候，也許你就不會哭得太大聲，還會心懷感激：「今天只刷了兩萬！她真的是個好太太～～」

總而言之，「陪產」的意義，不只是你人在產房內，而是應該給予老婆心理上的支持。雖然生產的確是老婆在痛，但不代表這是她一個人的事，因為你是她最親密的隊友，你的支持當然非常重要。

生產過程中有許多突發狀況，老婆的體力、心理有時不是那麼穩定，即使老婆痛到把你掐得瘀青，請你務必忍耐，保持幽默

感，穩定軍心，協助老婆用力、換氣，讓整個生產過程更順利。

　　並且，身為一個好隊友，你該做的不只是在陪產這一刻表現良好，而應該在整個孕期間盡可能陪伴老婆，了解整個過程，包括一起產檢、參與媽媽教室等活動，都能讓你更體諒老婆，兩人一起經歷這段辛苦又開心的歲月。

　　當然，我也在產台前看到很多老公哄老婆說：生完去吃大餐、買包包，生完馬上失憶，雖然我也知道坊間流傳：寧可相信世間有鬼，也不要相信男人那張嘴。但我還是想提醒各位，絕對不是生完就沒事了，你對老婆和家庭的愛與關心應該要持續一輩子。

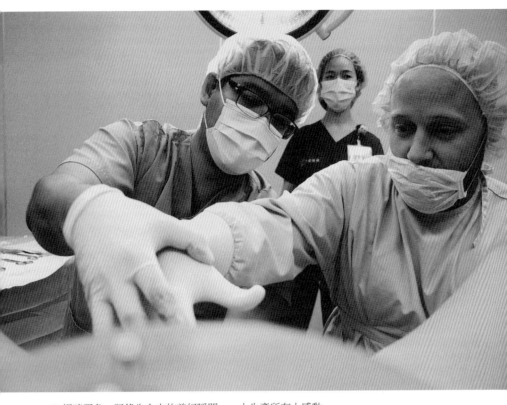

● 媽咪視角，記錄生命中的美好瞬間，一人生產所有人感動。

圖片提供／ Instagram@hanny_bobanny、@memywifeandmycat

10 催生要不要？

焦慮婦 A：「人家都說催生比較痛耶，是真的嗎？」

焦慮婦 B：「我聽說催生好像很容易吃全餐。」

焦慮婦 C：「有人跟我說千萬不要催生，直接剖腹好了。」

淡定林：「人家是誰？從哪聽說？認真聽我說就好了啦。」

▶ **思宏的 OS** ◀

都到了要不要催生的關鍵時刻，不要再對荒謬的謠
言深信不疑。

診間最常被問到的問題，「催生」絕對榜上有名，而且夾雜著許多讓我覺得頭好暈的迷思。

想了解催生，我先用個比喻來說吧，大家都烤過肉，即使妳都是負責吃的，應該也看過木炭跟火種吧？其實「催生」就像烤肉燒炭的「火種」。烤肉時，絕對不是用火種來烤肉，而是藉由「火種」協助「木炭」燒得更旺，最終依舊是靠「木炭」把肉烤熟。催生就是同樣的道理，催生用的藥劑，不管吃的、塞的、打點滴的，目的都只是引發身體自主性子宮收縮，絕不是靠「催生藥物」本身把孩子催出來，而是靠「催生藥物」引起「子宮自發性的收縮」，進而順利地將胎兒生產出來。

所以，催生真的不是什麼恐怖的事，也不是每個人都需要催生，但出現以下幾個情況時，我就會建議進行催生：

1. **胎兒不適合待在肚子裡**：如果藉由胎心音監測裝置發現胎兒心跳不穩定、變異性不佳，或出現母體血壓上升是子癇前症等情形；或者產前已確診是胎兒異常，出生後需要小兒科的照護或是外科醫師醫療團隊必須馬上接手動手術，如果選擇進行催生，後續的醫療照護時間比較好安排。

2. **超過預產期**：通常只要胎兒夠大，又已滿40週，基本上就可以進行催生，甚至有的胎兒待到41週還在孕婦的肚子裡捨不得出來，更建議一定要催生，別超過預產期太久，避免孩子過大造成難產，而且，這時候孕婦應該也很想趕快解脫。

3. **待產母體不堪負荷**：很多孕婦到懷孕後期，身體已經快撐不下去，反覆被醫院退貨，卻頂個大肚子怎麼都睡不好、全身痠痛，嚴重影響生活，這種狀況下，只要胎兒已滿39週，都可在預產期7天內進行催生。

當然，很多孕婦因為不了解催生，又因為聽到「人家說」、「別人說」的各種謠言而感到憂慮，那我不得不提出國際醫學文獻告訴妳們：若懷孕已滿39週，且住處離醫療院所遙遠就可進行催生；此外，滿39週到41週間催生還有幾項好處：

1. 減少生在路邊的機會。聽起來像鄉土劇橋段對嗎？其實是有可能的，尤其是懷第二、三胎，已經有生產經驗的孕婦，如果不想在大馬路或田邊迎接新生命，就可以考慮催生。

2. 免去提心吊膽的疑慮。這應該很好理解吧！懷孕後期孕婦每天想著胎兒什麼時候要出來，想到頭髮都白了，不如催一催、生一生，也省得成天擔心他突然在不該出來的時間蹦出來。

3. 減少胎兒心跳不穩的狀況。39-41週間，母體胎盤還沒老化，子宮收縮也較穩定，此時出生的胎兒心跳會比較正常，也能避免因胎盤老化而吸入胎便的狀況。

4. 避免乙型鏈球菌檢測為陽性的孕婦來不及施打抗生素。（參考 P.189）

至於催生會不會比較痛？答案是不會。

坊間孕婦會有這種迷思是因為，一般陣痛的間歇性疼痛會逐漸增強，催生就是引發進入更頻繁的收縮，所以會讓人誤以為催生比較痛，其實只是長痛跟短痛、早痛或晚痛的差別，並不會「比較痛」。不過如果真的很恐懼疼痛，跟醫生討論過後，可以早點施打無痛分娩。

當然，絕對不是所有孕婦到了39週都一定要催生，只是希望大家遇到建議最好催生的關鍵時刻，不要再被一些謬論干擾，可以好好選擇孕婦最想要且對胎兒最好的方式！

11 剪會陰其實沒那麼可怕

診間對話

林醫師：「來，媽媽，我幫妳檢查一下傷口，有沒有什麼
不舒服呢？」

產後豪放婦：「就是會陰部的傷口還是挺痛的⋯⋯」

林醫師：「看起來傷口一點也不腫耶！可能是想幫你縫成
18歲，所以縫線緊緊的拉扯感好像在痛啦！再幾天就好
了喔！」

產後豪放婦：「那我可以再痛一點沒關係，不然都沒感
覺⋯⋯」

林醫師：「⋯⋯」

▶ **思宏的 OS** ◀
剪會陰沒這麼恐怖，只要經過適當縫合和運動，還
是有可能恢復到產前的狀態。

對很多懷第一胎、還沒有生產經驗的孕婦來說，「剪會陰」好像是件令人聞風喪膽的事情，其實醫生不是劊子手，也不是每個自然產孕婦都必須剪會陰，而是要視情況而定。

妳想嘛，本來只有3公分寬的陰道口，要擠出頭有10公分大的嬰兒，再加上若會陰彈性不足，很容易有裂傷的風險，甚至一路裂到肛門。所以剪會陰只是讓陰道口變大的一種方式，避免傷口裂得太不規則，也就是說，如果陰道彈性夠好，也是可以逃過一剪。

至於怎麼加強陰道彈性呢？除了運動之外，懷孕後期就可以開始進行會陰按摩，增加肌肉的韌性與張力，減少生產時會陰撕裂傷的風險，可以自己按摩，也可以請隊友（老公）幫忙。

當然，也不是說勤作運動和按摩，就百分之百保證不必剪會陰，大家「聞剪色變」的兩個原因通常是：疼痛和陰道鬆弛。關於疼痛，老實說，通常那一刀下去，當下孕婦正因為生產痛得死去活來，是不會有感覺的，更何況本來就會打局部麻醉，而且部分孕婦還有無痛分娩的加持，所以只是「聽起來很痛」。

至於孕婦會特別擔心自然產會不會使陰道鬆弛？老實說，曾產出過一個嬰兒，產道很可能會比較鬆，但由於生產是乾淨的傷口，加上會陰部血液循環很好，只要經過適當縫合，自然產縫合的傷口只要3-5天便可復原，加上凱格爾或提肛、縮肛等運動，還是可以讓陰道恢復彈性。倒是因為生產過程承受了胎兒強烈的擠壓，會痛的地方不只傷口，伴隨而來的是即使產後1-2個月還有的些微腫痛，甚至結痂後的皮膚會變得較硬，還會因生產時太用力形成痔瘡，可能就需要一些時間恢復了。

如果此時急著「開機」，就有可能會引發疼痛，讓妳對於性事產生排斥感，久而久之就越來越沒「性」致。既然是夫妻，就應該多體諒對方一點，可以請老公試著了解，發生性行為時，會不會讓老婆覺得疼痛、不舒服？平常也可以幫老婆按摩會陰，不但有助於放鬆肌肉，也能增進夫妻情趣。再說，陰道鬆緊度，不完全等同於性生活美滿程度，夫妻間的性生活應該更重視心靈的契合，而不是只在乎下半身，產後性生活變得沒那麼美滿，很大一部分原因是心理因素，而非身體的改變。

12

嗨！寶寶！
關於新生兒

林醫師：「恭喜！是個3200公克的健康寶寶！」

順產婦：「嗚嗚嗚，終於，孩子妳有看到媽媽的假睫毛嗎？」

林醫師：「哈哈哈，原來產婦界流行產前種假睫毛是為了給寶寶第一好印象。」

▶ 思宏的 OS ◀

剛出生的胎兒哭得好大聲，基本上就是沒有太大問題的健康寶寶。

阿帕嘉分數（APGAR SCORE）是胎兒出生的第一個分數，每個新生兒，都會在出生後的1分鐘及5分鐘，由醫護人員對他進行評分，評分項目包含呼吸、心跳、哭聲、皮膚顏色等等，如下表。

APGAR SCORE：_____分（1分鐘）_____分（5分鐘）

徵候	0	1	2
心跳速度	無	慢，100以下	100以上
呼吸效率	無	慢，而不規則	有哭聲，規則
肌肉緊張度	軟弱	四肢彎曲	良好
對鼻管反應	無反應	皺眉蹙眉	咳嗽或打噴嚏
皮膚顏色	發紫	軀幹紅色	全身通紅

7分是「合格」的分數標準，如果出生5分鐘後，新生兒的阿帕嘉分數還沒達到7分，就可能是有窘迫的狀況，需要積極照護；如果1分鐘到5分鐘分數的狀況是「4分轉8分」，那就代表醫護人員處置得宜，孩子很健康。

妳一定聽婦產科醫生說過，如果新生兒出生後「會哭」，基本上就沒有問題了，因為只要他一哭，連帶表示呼吸、心跳無大礙，總不可能有哭聲沒心跳吧，這太驚悚了。簡單來說，新生兒只要「有哭」，等於已經有7分基本盤，爸媽就可以放心啦，所以如果算分數太複雜，那就告訴自己「寶寶有哭就好」！

除了利用阿帕嘉分數評估新生兒狀況，胎兒一出生時，我習慣請準爸爸或是產婦自己來剪斷臍帶，對我來說，這是個跟吃飯睡覺一樣平常的例行動作，但是對剛迎接新生命的夫妻來說，是一個重要的儀式，象徵孩子完全成為一個獨立的個體，成為家庭

的新成員。

為什麼胎兒出生後有沒有哭很重要？因為他一哭，肺部才會擴張，促使他開始換氣，但是從剛出生到開始換氣的這段轉換過程，不是每個新生兒都能立刻上手，在新生兒還無法自己換氣之前，未剪斷的臍帶能夠提供穩定的血氧來源，讓新生兒有餘裕適應，學著自己換氣。

一般狀況下，新生兒出生後，我們會延後1-2分鐘剪臍帶，對他的幫助最大，2014年6月美國兒科醫學會雜誌(JAMA pediatrics)刊登的研究指出「延後斷臍」對改善新生兒貧血、腦內出血、及減少新生兒敗血症有益處，特別是在早產兒極低體重兒的預後上有顯著的差異，所以各位爸媽不要太急著剪臍帶，讓孩子再跟媽媽相連一下吧。但超過3分鐘以上的延遲斷臍，反而會增加新生兒黃疸的機會唷，所以不要一昧的延後斷臍，我們還是要掌握一下時間。

而新生兒一出來，其實也會有幾個比較特殊的狀況，簡單說明如下：

1. 臍帶繞頸

在診間，「臍帶繞頸怎麼辦？」是最常被追殺的問題之一。其實臍帶繞頸是非常常見的現象，但不知道為什麼，老是讓人聯想到「胎死腹中」，帶來莫須有的恐懼跟迷思。

其實胎兒在媽媽的肚子裡，本來就會動來動去，在這動來動去的過程中，就很容易發生臍帶繞頸繞手腳的狀況，根據統計，至少有20-30%以上的胎兒會有臍帶繞頸的狀況發生，既然這麼常見，根本就不是個該讓孕婦擔心到吃不下睡不著的嚴重問題。

一條健康的臍帶外面都被一層非常滑溜而且柔軟、具有彈性的Wharton's Jelly所包覆保護著，這層物質可以有效地保護臍帶在受到擠壓甚至打結的時候，確保臍帶內的血液維持流動，再者，胎兒在肚子裡是不會呼吸的，根本不用擔心臍帶繞頸會造成窒息。

　　所以，關於臍帶繞頸，就把它當成生產時看到的小驚喜，它真的不會對胎兒造成影響，即使懷孕中知道有臍帶繞頸的狀況，乾脆傻傻當作不知道比較舒心，總不能先幫胎兒解開再塞回去繼續懷胎吧？

2. 胎便吸入症候群

　　胎便吸入症候群幾乎都是在生產或待產時發生，假如孕婦胎盤功能不佳，或者胎兒出現心跳減速胎兒窘迫的狀況，就會讓胎兒的肛門括約肌放鬆進而將胎便解入羊水當中，一旦胎兒狀況不好，呼吸急促就有可能吸入胎便，造成胎便吸入症候群。

　　而肺部、氣管本來就應該要呈現擴張狀態，偏偏胎便又很黏，吸入胎便會導致胎兒難以呼吸，引起換氣不足、缺氧等現象，也容易引發肺炎。

　　所以一旦在待產過程中出現胎兒心跳減速胎兒窘迫的狀況，我們就需要很謹慎的評估是否有胎兒解胎便的情形，或是破水明顯看到羊水呈現黃綠色的狀況，就表示胎兒確實在子宮內有解胎便，我們應該盡速讓胎兒從子宮內娩出，減少胎便繼續吸入的可能性。

　　胎兒出生後，若評估呼吸的狀況、血氧濃度並不好，最積極的處理方式就是緊急插管，將黏稠的胎便從胎兒氣管內抽吸出來，並搭配胸部X光、抗生素、呼吸器使用來改善胎兒的呼吸狀

況，一般來說只要沒有造成永久性缺氧腦損傷的情形，新生兒都是預後良好的。

3. 鎖骨骨折

新生兒鎖骨骨折！天啊！聽起來超可怕的！冷靜一下，其實沒妳想像中的嚴重。

有句話說「頭過身就過」，生小孩也一樣，生產時如果胎兒太大、產道太窄，當胎兒的頭擠出產道後，醫師就會協助從他的前肩或後肩將他拉出產道，這時候肩膀很容易「喀」地一聲受傷，也就是鎖骨骨折。

但鎖骨骨折其實大部分只是裂傷，而不是錯位，真的沒有妳想像中新生兒剛出生就要打石膏這麼慘，而且這種裂傷在兩個月之內會自行復原；即使真的發生錯位也不用緊張，稍微固定一下就好，也不必擔心會有什麼後遺症，通常會自行痊癒。

4. 新生兒黃疸

胎兒出生後3-7天是新生兒黃疸發生的高峰期，一般來說，新生兒黃疸可分為「生理性黃疸」及「病理性黃疸」，「生理性黃疸」是因為新生兒體內有過多的血紅素需要被代謝而產生較多的膽紅素，以及肝臟成熟度不佳造成膽紅素排出體外的速度較慢所造成；而母嬰血型不合(ABO溶血、RH溶血)、蠶豆症等則容易引起「病理性黃疸」。

大部分狀況下，新生兒黃疸是不需要太過擔心的狀況，目前醫界對於黃疸指數的標準也越來越寬鬆，通常只要接受特定425-457nm光譜的藍光照光治療就可改善，假如接受照光治療超過兩週卻不見改善，才需要積極找出造成黃疸的原因，進行進一步治療，要知道，把新生兒推出去曬太陽是無法幫助黃疸減退的哦！

13 | 新生兒之外，產婦的產後併發症

焦慮婦：「醫生，我多久可以運動？」

淡定林：「坐月子期間好好休息，傷口癒合後再運動啦！」

焦慮婦：「醫生，可是我覺得我好胖！也覺得我很不會照顧寶寶……」

淡定林：「一定要保持樂觀正面的心情，沒有人一開始就會當媽媽的！而且照顧孩子是全家人的事，請讓老公一起分擔！」

▶ 思宏的 OS ◀

孕婦面對產後身體和心理的變化，別操之過急，慢慢來並尋求老公與家人的協助，妳快樂、小孩健康，那就是最棒的育兒方法！

懷孕生產是段辛苦的過程，孕婦身上總會發生許多變化，卻無法隨著胎兒的出生而瞬間恢復原狀，包括痔瘡、漏尿、陰道鬆弛，甚至是產後憂鬱，這些都是產後得繼續面對的問題。

我們稱產後的6週（42天）為「產後復舊期」，按理說過了復舊期，產婦的惡露應該要排乾淨、子宮回原位、痔瘡、漏尿等併發症都應該有明顯緩解，恢復到生產前的狀況。

如果症狀還是很嚴重，請各位不要坐視不理或者不好意思求診，記得趕快來看醫生。以下針對幾種狀況，提供一些改善的建議：

1. 痔瘡

很多生產後的產婦都說，會陰部傷口沒什麼感覺，反而痔瘡痛得要命。這是因為懷孕時由於腹壓增加導致靜脈曲張，血液循環變差，加上懷孕時容易便秘，就很容易長出痔瘡，生產時一用力，痔瘡就翻了出來變成外痔，成為很多產婦產後的痛。

假如長出痔瘡，建議採取溫熱水坐浴，可以加速血液循環達到消腫目的；或者是藉由外力改善，包括塞劑、藥膏等等塗抹患處，都可以改善痔瘡的狀況。

一般來說，生產之後腹壓減少，加上產後的照護，無論是懷孕期間或生產時出現的痔瘡，在產後1-2個月就會完全恢復，但假如在這段時間後仍未見改善，甚至出現大出血的現象，建議就醫，經過評估後可以手術割除痔瘡。

2. 漏尿

漏尿通常發生在自然產的產婦身上，由於生產時擠出一個胎

兒，可能導致陰道鬆弛或肌肉拉傷，甚至是骨盆底變鬆，日後笑或打噴嚏時就會出現漏尿狀況，防不勝防。

想避免產後漏尿的方式不外乎兩個，第一，胎兒不要養太大，第二，不要急產，不過這些都不是人為可以完全控制的。

所以建議產後可以用骨盆束帶，幫助移位的骨頭回到原狀，並且多做凱格爾運動，以及沒事就利用肛門剪大便的動作訓練一下骨盆腔，或者是小便時不要一次解放，趁小便時試著「hold住」尿液，一次小便練個3次，這些小動作都有助於改善漏尿情況。

同樣的，漏尿的情況應該也會在產後復舊期後獲得改善，如果狀況還是很嚴重，可以選擇陰道緊實雷射，促使陰道側壁及前壁的肌肉收縮，改善漏尿；但假如是骨盆底鬆掉導致漏尿，依照症狀的嚴重程度，有可能需要進行尿失禁手術。

但別以為產後沒漏尿就沒事，許多人很有可能在生產過程中骨盆底已移位，但年輕時還可以靠著旁邊的肌肉協調勉強撐住，一旦年紀大了，肌肉也變得虛弱時，生產時造成的問題就會浮現，這也是為什麼很多上了年紀的女性容易出現漏尿的狀況。

3. 產後憂鬱

懷孕時備受呵護，生產後，全家人的注意力都放在新生兒身上，有些產婦會覺得不適應，還沒意識到自己的角色已經轉換，於是，看著鏡子裡身材走樣、黑色素沈澱的自己，一邊還要煩惱自己能否成為一個好媽媽，巨大的改變排山倒海而來，讓很多產婦陷在不開心的情緒中，變成產後憂鬱症。

可能很多人會說「想這麼多幹嘛？」，但我想，當母親的就

是很難不去想，所以我希望妳要保持樂觀正面的心情，身材走樣了，那就加快腳步運動、飲食控制，恢復身材的同時也能重拾信心。通常自然產的產婦，等到傷口恢復後約1-2週便可以開始運動，剖腹產則2-4週可以開始運動，而因為運動會加速血液循環，所以傷口會有脹痛的感覺很正常。

但我還是要強調，生產後做運動千萬不要操之過急，我知道妳很想趕快瘦下來，也想趕快恢復緊實，但如果有肚子痛、出血等現象一定要馬上停止，否則一邊重訓一邊流血豈不是很嚇人嗎？

此外，雖然生孩子，只能由妳來生，但照顧孩子，則是全家人的事，不要把所有責任都攬在自己身上，身為老公的隊友也不要覺得在「幫忙」帶小孩，生小孩你也有分，本來就該一起分擔。

其實生孩子不一定要照書養，憑空給自己太大壓力，因為不見得專家說的才是好方法，只要妳快樂、小孩健康，那就是最棒的育兒方法。

而且現在有很多網路社群、群組，妳可以試著加入一些媽媽的群組，關於育兒迷思、恐嚇不用太認真聽，重點是這些群組會讓妳知道，育兒的這條路上妳不孤單，還有很多很多跟妳一樣會徬徨、擔心，但還是非常努力的母親。

無論是對於自己，或是對於照顧孩子，妳都必須有充足的信心，告訴自己，妳會是個好媽媽，不要輕易放棄；假如妳真的很不開心，也務必要懂得求救，讓適當的醫療照護協助妳重拾笑容，千萬不能悶在心裡。

一胎的醫師，一生的朋友

看到最後，是不是覺得懷孕其實也是百無禁忌？好像根本沒什麼大不了的。對！懷孕不是生病，真的沒有必要把自己搞得很緊張！而婦產科醫師就是應該詮釋一個紓壓者的角色。說來很奇妙，妳可能看過非常多不同科的醫師，但對接生的產科醫師卻是一輩子印象深刻。

「那當然呀，你都把我看光光了！！還不負責嗎？」

哈！也是啦，很多人說婦產科醫師可能是這個女人結婚後的第二個男人，是好是壞，會記住一輩子。婦產科醫師是一門很特別的工作，尤其是像我這樣的純產科醫師，接觸的幾乎都是喜悅的事，這也是這門工作最迷人之處。我常常說，我是整個醫院裡面唯一沒有病人的醫師，因為來看我的都不是生病，而是懷孕大肚子的女人。

因為是喜事，因為沒什麼大不了的，所以在整個孕期的幾次

產檢當中，實在沒必要酸言酸語或是把氣氛搞得很僵，我的工作就是在有限的時間內提供必要的孕期諮詢，在孕婦及先生的選擇下進行各項懷孕風險評估，降低胎兒出生後異常的可能性。如果這幾點做到了，剩下的時間就是屬於我們建構彼此感情的時刻。一直以來我看診都希望能夠營造歡樂輕鬆的氣氛，因為我把大家都當成我的家人、我的朋友般看待，回頭想想，一個孕期產檢大概10次左右，每次看診5-10分鐘，加上生產、回診，我們總共的相處時間可能不到一天呢！可以不好好珍惜嗎？

　　拜現在社群軟體及網路自媒體的發達所賜，我可以定時提供衛教資訊給大家，與產婦及先生有機會在診間外有更多的互動，

甚至很多初診的孕婦一踏進診間就好像跟我很熟一樣，因為我會說的話，我會打的比喻，我會給的建議事項，她都瞭若指掌！哈！這是一件好事，因為我在診間能夠看的產婦有限，但透過網路傳達正確觀念及正向能量給需要的產婦，是無限的。

「一胎的醫師，一生的朋友」，或許在產科的專業知識上我比妳要懂得更多，可以協助妳度過這幾個月的美好旅程；但在人生的各個層面當中，我們可能會角色轉換，妳才是我運動、美食、旅遊的醫師，提供給我健身瘦身的方法，哪些地方好吃好玩好逛，或是在我需要協助扶持時，順勢幫我一把，在此無限感激每一位我生命中已出現或可能出現的貴人！

請加入臉書「林思宏醫師」粉絲團，讓我們成為一生的朋友吧！

禾馨婦產科院長　林思宏

高寶書版集團
gobooks.com.tw

HD 092

從懷孕到生產，迷思與疑惑一次解答，陪妳回歸美好孕程

作　　者　林思宏
整理撰文　陳品嘉
編　　輯　楊雅筑
校　　對　吳珮旻
封面設計　林政嘉
內頁設計　李佳隆
內文排版　趙小芳
企　　劃　荊晟庭

發 行 人　朱凱蕾
出　　版　英屬維京群島商高寶國際有限公司台灣分公司
　　　　　Global Group Holdings, Ltd.
地　　址　台北市內湖區洲子街88號3樓
網　　址　gobooks.com.tw
電　　話　（02）27992788
電　　郵　readers@gobooks.com.tw（讀者服務部）
　　　　　pr@gobooks.com.tw（公關諮詢部）
傳　　真　出版部（02）27990909　行銷部（02）27993088
郵政劃撥　19394552
戶　　名　英屬維京群島商高寶國際有限公司台灣分公司
發　　行　希代多媒體書版股份有限公司/Printed in Taiwan
初版日期　2017年11月

國家圖書館出版品預行編目（CIP）資料

樂孕：從懷孕到生產,迷思與疑惑一次解答,陪妳回歸
美好孕程/ 林思宏著. -- 初版. -- 臺北市：
高寶國際出版：希代多媒體發行, 2017. 11
　面；　公分. --（HD 092）

ISBN 978-986-361-464-7（平裝）

1.懷孕　2.分娩

429.12　　　　　　　　　　　　106018402